油田企业模块化、实战型技能培训系列教材

采油地质岗
技能操作标准化培训教程

丛书主编　陈东升

本书主编　朱彦群　钟飞翔

U0263340

中国石化出版社

图书在版编目(CIP)数据

采油地质岗技能操作标准化培训教程/陈东升,朱彦群,
钟飞翔主编. —北京:中国石化出版社,2022.4
油田企业模块化、实战型技能培训系列教材
ISBN 978 - 7 - 5114 - 6590 - 0

Ⅰ.①采… Ⅱ.①陈…②朱…③钟… Ⅲ.①石油开采—
石油天然气地质—技术培训—教材 Ⅳ.①TE143

中国版本图书馆 CIP 数据核字(2022)第 030257 号

中国石化出版社出版发行
地址:北京市东城区安定门外大街 58 号
邮编:100011 电话:(010)57512500
发行部电话:(010)57512575
http://www.sinopec-press.com
E-mail:press@sinopec.com
北京力信诚印刷有限公司印刷
全国各地新华书店经销
*
787×1092 毫米 16 开本 11 印张 244 千字
2022 年 5 月第 1 版 2022 年 5 月第 1 次印刷
定价:78.00 元

《采油地质岗技能操作标准化培训教程》
编委会

主　　任　张　威　王　宁

委　　员　朱彦群　栾　影　张　岩　赵泽宗　胡明卫

　　　　　陈　华　刘正云

编写人员

主　　编　朱彦群　钟飞翔

副 主 编　凡　俊　陈　峰

编写人员　陈宪梅　胡　翠　金小粉　鞠秀叶　李　彬

　　　　　吴泽波　杨小红　时义刚　田玉孔　尚素芹

审核人员

主　　审　刘新会

审核人员　孙全元　潘远基　彭　妥　刘　平

序　言

为贯彻落实中原石油勘探局有限公司、中原油田分公司（以下简称中原油田）人才强企战略，通过开展专项技能培训和考核，全面提升技能操作人员工作水平，促进一线生产提质增效，由中原油田人力资源部牵头，按照相关岗位学习地图，分工种编写了系列教材——《油田企业模块化、实战型技能培训系列教材》，本书是其中一本。

本书具有鲜明的实战化特点，所有内容模块都围绕生产实际业务或操作项目设置，既能成为提升实际工作能力的培训教材，也可以作为指导岗位操作的工具书。其内容具备系统性，既包括施工前准备、执行操作流程、操作要点与质量标准，也包括安全注意事项及事故应急处理等内容，体现了"以操作技能为核心"的特点。所有编写人员均来自基层单位，有基层技能操作专家，也有技术骨干等，真正体现出"写我所干，干我所写"的理念。

本书适用于相关工种员工的日常学习，以及基层单位组织集中培训、岗位练兵等使用，每本教材后都附有本工种学习地图，使本工种各技能等级员工都能找到自己的努力方向和学习内容，为广大员工开展个性化岗位学习、提高学习效率点亮一盏指路明灯。

同时，本书也向广大读者传达一种"学、做翻转"的人才培训思路：即打破参加培训就是到课堂学习知识的传统思维方式，把"学习知识、了解流程、掌握标准"的活动放在工作岗位，通过对教材内容的学与练，提升职业技能水平；只有遇到岗位学习或工作中难以解决的问题时，才考虑参加集中培训，通过对具体问题解决过程的体验、学习与感悟，提升学习者解决实际问题的能力。

当然，本书的编写也是实战型培训教材开发的初步实践，尽管广大编者尽其所能投入编写，也难免存在有不妥之处。期望广大读者、培训教师、技术专家及培训工作者多提宝贵意见，以促进教材质量不断提高。

《油田企业模块化、实战型技能培训系列教材》编写委员会

2022 年 2 月

前　言

为加强培训资源建设，深入推进全员培训，中原油田梳理了近些年的培训教材，调研了企业的培训需求，开发了中原油田模块化、实战型技能培训系列教材，构建了中原油田实际操作技能培训教材体系。这套教材围绕企业生产经营对岗位能力的要求、队伍建设和员工成长的需要，以提高全体员工履行岗位职责的实际工作能力为重点，把研究和解决生产经营、改革发展面临的新挑战、新情况、新问题作为重要目标，把全体员工在实践中创造的好经验、好做法作为重要内容，具有较强的实践性和针对性。

《采油地质岗技能操作标准化培训教程》是面向油田企业信息化改造后的采油地质工作人员所需岗位技能而编写的培训教材。教材的编写本着以职业活动为导向、以职业技能为核心、统一规范和科学实用性的原则，结合人才培养的梯次性需要，内容力争涵盖初级工、中级工、高级工和技师应掌握的岗位操作技能，突出教材的模块化。本书较充分地考虑了油田采油地质的工作特点、技能及最新技术的发展现状，并重点考虑安全生产需要，旨在提高操作人员的安全风险意识和规范化操作技能，突出教材的安全性与实用性，以解决生产业务实际问题为重点，努力贴近生产一线实际操作。教材内容章节单元设置与采油地质工作相一致，充分发挥岗位工作指导书、工具书的作用。

本书主要为技能操作标准化培训教程，全书共分六个单元：第一单元介绍了常用资料的录取、整理及填写；第二单元介绍了更换仪器、仪表的操作；第三单元介绍了常用参数的计算；第四单元介绍了油田开发指标的计算；第五单元介绍了曲线及图件的绘制；第六单元介绍了采油地质基础分析和动态分析。

由于编者水平有限，书中难免存在疏漏和错误，恳请广大读者提出宝贵意见。

目　　录

单元一　资料录取、整理

模块一　资料录取

项目一　采油井产液量测量

1　项目简介

采油井单井日产液量表示采油井每天实际产出液量的多少；采油井日产液量测量是采油生产现场核实油井产能最直接、最有效的方式，目前采油井常用的量油方法为玻璃管量油，即应用玻璃管连通平衡原理测量采油井日产液量。

2　操作前准备

2.1　穿戴好劳动保护用品。

2.2　准备工用具：500mm 钢板尺一把，秒表一块，"F"形扳手一把，钢笔，记录本。

2.3　使用钢板尺检查玻璃管量油标高是否正确，标高误差小于1mm。

2.4　轻微开关各控制闸门，检查控制闸门和仪表是否开关灵活、有无跑冒滴漏。

3　操作步骤

3.1　核对需要计量井号，观察油压、回压，确认正常后开始量油。打开分离器进油闸门，听进油声音是否正常。

3.2　缓慢打开气平衡闸门，以保持分离器与集油干线压力平衡，然后缓慢打开液位计上流闸门，再打开下流闸门。

3.3　迅速关闭分离器出油闸门，注视玻璃管内液面变化，使视线与下刻度线在同一水平线上，当液面高度与下刻度线呈水平状态时，开始计时；观察玻璃管内液面的变化情况，使视线与上刻度线在同一水平线上，当液面高度与上刻度线呈水平状态时，停止计时。快速关闭气平衡闸门，打开出油闸门，将分离器内液体排出，将玻璃管内的水降到底部。

3.4　先关闭液位计下流闸门，再关闭上流闸门。

3.5　将计量的油井流程倒出分离器，并检查油井生产流程是否正确。

3.6　根据记录的量油时间，计算出单井日产液量，将其填写到"采油班报表"中，并与前一日量油结果进行对比。

油气分离器玻璃管量油井，折算日产液量计算公式如式（1-1）所示：

$$q_1 = \frac{\pi D^2 h_w \rho_w}{4t} \times 86400 \qquad (1-1)$$

式中　q_1——日产液量，t/d；

π——常数，3.14；

D——分离器内直径，m；

ρ_w——水的密度，t/m³；

h_w——玻璃管中水柱上升的高度，m；

t——量油时间，s。

4　操作要点

4.1　标高误差小于1mm，量油时间误差不大于1s。

4.2　根据产液量的大小，每口井量油2~3次，取平均值。

4.3　产液量大于150t/d的井用分离器量完油后，必须先开出油闸门，然后再关气平衡闸门。产液量小于150t/d的井量完油后必须先关气平衡闸门，然后再开出油阀门。

4.4　每口井量油次数根据与"采油班报表"中产液量误差的大小而定，对产液量大于30t/d的井，量油波动误差不超过5%；对产液量小于30t/d的井，量油波动误差不超过2t。

4.5　正常生产井每3d量油1次；液量波动较大的生产井与间歇出油井每天量油1次，每次量油3遍取平均值；新井投产、作业新开井的前10d内每天量油2次，每次量油3遍取平均值；调参生产井调参前1d与调参后的3d内，每天量油1次，每次量油3遍取平均值。

4.6　冬季量完油后，应迅速将油井改走干线，以防止计量流程冻结；对出砂井、气油比较大的井，量完油后，也应迅速将油井改走干线，以防止砂沉淀在分离器内。

4.7　采油井因测压、停电、检泵等各种原因停产再开井生产，必须在开井30min后量油，以减少计量误差。

4.8　观察液面时，应做到眼睛、刻度线、液面三点一线，都在同一水平面上，并保证眼睛与液面表面距离在500mm以内。

4.9　快速关闭气平衡闸门，避免油井的液气进入量油玻璃管内污染玻璃管。

5　安全注意事项

5.1　开关闸门时，身体不能正对闸门，必须侧开，以免闸门配件打出伤人。

5.2　开关多个闸门时，须遵守先开后关的原则。

5.3　工作期间严格按照安全操作标准实施。

6 突发事故应急处理

6.1 操作过程中若上流量油闸门关闭不严发生刺漏，应先打开下流闸门再关闭上流闸门，整改刺漏后再进行量油操作。

6.2 操作过程中如发生磕碰、砸伤、闸门配件打出伤人等突发安全事件，应根据情况在现场对症简单包扎，情况严重的应立即通知调度安排车辆送医院救治。

项目二 采油井产气量测量

1 项目简介

采油井日产气量测量是采油生产现场核实油井产气量最直接、最有效的方式，目前采油井最常用的气量测量方法为压差计测量和排液法测量。

2 操作前准备

2.1 穿戴好劳动保护用品。

2.2 使用压差计测量准备工用具：仪表螺丝刀一把，记录卡片一张，墨水，笔尖，通针，时钟上好弦，调整好记录笔。

2.3 使用排液法测量准备工用具："F"形扳手一把，钢卷尺一把，秒表一块，钢笔，记录纸。

2.4 检查测气装置是否符合安装要求，并且不渗、不漏。检查各部件和仪表是否灵活好用。

3 使用压差计测量操作步骤

3.1 打开分离器进油闸门和出油闸门，将要测气的油井倒进分离器流程。

3.2 根据气量大小选择好测气孔板，并打开相应的测气门。

3.3 打开测气装置上的放空阀，并检查高、低压引线。

3.4 放空后，关闭放空阀。

3.5 打开玻璃管上、下流闸门，控制分离器出油闸门，使液面在玻璃管上下标之间高度控制在 1/2～2/3 之间。

3.6 打开测气装置平衡闸门，高、低压放空闸门。

3.7 关闭气装置平衡阀门，记录分压、测气压差、气量。

3.8 恢复原生产流程。

4 使用排液法测量操作步骤

4.1 校对玻璃管标高。使用钢板尺检查玻璃管量油标高是否正确，标高误差小于1mm。

4.2 按量油操作规程倒好流程，使玻璃管内的水液面上升至上刻度线以上，并记录分压。

4.3 迅速关闭气平衡闸门，打开出油闸门，注视玻璃管内的液位变化，当液面与上刻度线在同一水平线时，开始计时；当液面降至下刻度线时，停止计时，并记录分压。

4.4 计量完毕后，恢复原生产流程。

4.5 计算气量：

$$Q_{气} = \frac{86400AV(p+1) \times 10}{t\rho_{液}} \tag{1-2}$$

式中　$Q_{气}$——日产气量(取整数，小数部分只舍不入)，m^3/d；

　　　　A——温度校正系数，$A = (273+20)/(273+50) = 0.91$；

　　　　V——量油高度对应的分离器容积，m^3；

　　　　p——分离器排液时平均分压，MPa；

　　　　t——平均排液时间，s；

　　　　$\rho_{液}$——油水混合液密度，t/m^3。

5 操作要点

5.1 使用压差计测量。测气挡板规范，孔眼标准，直径合适，一般在 7~25mm，压差在卡片 30~70 格。副孔板在前，主孔板在后，喇叭口顺气流方向。在测气卡片上读出测气压差，产气量高的井每隔 5s 读一个值；产气量低的井每隔 15s 读一个值。共取 10 个数值并做好记录。

5.2 使用排液法测量。测气计算时，分压应取前后的平均值。观察分压时，视线、表针、刻度、表盘呈一直线，眼睛与液面表面距离不大于 500mm；观察液面时，眼睛、刻度、液面三点一线。计时误差不大于 1s。

5.3 正常生产井每 10d 测量 1 次产气量，液量波动较大的生产井每天测 1 次产气量，每次测取 3 遍并取其平均值。

5.4 新井投产、作业井开井后 10d 内每天测量 1 次产气量，每次测取 3 遍，并取其平均值。

6 安全注意事项

6.1 开关闸门时，身体不能正对闸门，必须侧开，以免闸门配件打出伤人。

6.2 开关多个闸门时，须遵守先开后关的原则。

6.3 工作期间严格按照安全操作标准实施。

7 突发事故应急处理

7.1 操作过程中，如果发生闸门刺漏，应立即停止操作，待整改刺漏后再进行测气操作。

7.2 操作过程中如发生磕碰、砸伤、闸门配件打出伤人等突发安全事件，应根据情况在现场对症简单包扎，情况严重的应立即通知调度安排车辆送医院救治。

项目三　采油井井口压力录取

1　项目简介

采油井油压是指油气沿油管从井底举升至井口时的剩余压力；套压是指油气沿油管、套管之间的环形空间从井底举升至井口时的剩余压力；回压是指输油气干线压力对井口的一种反压力。采油井油压、套压、回压是反映采油井生产动态的重要参数，需每天按录取规定正常录取并上报。

2　操作前准备

2.1　穿戴好劳动保护用品。

2.2　准备工用具：钢笔一支，棉纱少许，记录纸。

2.3　将压力表表面用棉纱擦干净。

3　操作步骤

3.1　用手轻拍压力表侧面外壳，观察压力表指针是否轻微颤动，而位置保持不变。

3.2　正面对着压力表盘，读取指针所指刻度表示的压力值；如果指针波动，应读取其压力平均值。

3.3　记录所读取的压力值，保留1位小数，压力单位为MPa。

4　操作要点

4.1　指针波动应查明原因；如果波动，压力值应取指针波动最高值与最低值的平均值。

4.2　压力值应在所用压力表量程的1/3～2/3内。

4.3　所读压力值与标准表压力值误差不大于0.01MPa。

4.4　所读压力值时，应使视线、刻度和指针呈一直线，视线距离应在500mm以内。

4.5　正常情况下，油压、套压、回压每天录取1次，特殊情况加密观察，每月要有25d以上(不得连续缺少3d)为准。

4.6　新井投产、作业新开井，油压、套压、回压每12h观察记录1次。长期停产井每月定时观察记录套压1次，若压力变化波动较大，应加密观察记录。

项目四　采油井井口油样录取

1　项目简介

采油井井口取油样是油井日常管理中最基本的操作技能。化验分析所取油样，获得油井产出液的物性参数，为油井生产动态分析、改进管理措施提供依据。

2　操作前准备

2.1　穿戴好劳动保护用品。

2.2 准备工用具：样桶一只，放污桶一只，棉纱少许，专用取样扳手一把。

2.3 检查样桶和放污桶，必须干净、干燥、不渗、不漏，桶盖井号、桶身井号与取样井井号一致。

3 操作步骤

3.1 打开取样闸门把"死油"排入放污桶内，见新液后关闭取样阀门。有掺水井的，必须先关闭掺水闸门 20min 后，再进行取样操作。

3.2 将取样桶对准取样闸门，缓慢打开取样闸门，在原油不溅出取样桶的前提下，尽可能开大取样闸门。

3.3 分三次取完，每桶样量必须达到样桶的 1/2～2/3。

3.4 关闭取样闸门，用棉纱擦净取样桶外和取样闸门上的残油，盖好取样桶盖。掺水井取完油样后打开掺水闸。

3.5 填写取样标签，写明取样井号、取样日期。

4 操作要点

4.1 井口取样时，人与取样口呈 90°角侧身进行取样，不允许正对取样口。必须专井专桶专用，取样桶清洁无渗漏。

4.2 取样后要盖好取样桶，不允许将取样桶放置在温度超过 40℃的地方。油样未化验前不准开盖，以防轻馏成分损失或杂质进入桶内。

4.3 取样桶提放要平稳，防止样品溅出桶外；雨天必须盖严取样桶，防止雨水混入。

4.4 冬季取样后，应迅速打开掺水闸门，以防止流程冻结。

4.5 采油井生产稳定时取样。因测压、停电、检修等各种原因停产再开井生产，必须在开井 2h 后再进行取样。

5 安全注意事项

5.1 现场操作时必须严格遵守安全操作规程，现场存在明火时不能进行取样，易发生火灾。

5.2 取样放空时需使用排污桶，严禁对地放空，以免造成泄漏，污染环境。

5.3 打开取样阀门时不能过猛(若为内置式取样阀，旋量不能过大)，以免液体突然喷泄，造成泄漏，污染环境。

6 突发事件应急处理

6.1 发生火灾时，应关停抽油机，条件允许应关闭生产与回油阀门，火势小，就近取土灭火，火势较大，上报急救。

6.2 发生油样泄漏，应立即关闭取样阀，清理现场后，使用排污桶，平稳打开取样阀，进行取样放空操作。

6.3 如内置式取样阀阀芯脱出，应立即停机，关闭生产与回压阀门，并重新安装、上紧阀芯，待生产平稳后进行取样。

6.4 操作过程中如发生磕碰、砸伤、闸门配件打出伤人等突发安全事件，应根据情况在现场对症简单包扎，情况严重的应立即通知调度安排车辆送医院救治。

项目五 注水井井口压力录取

1 项目简介

注水井泵压、油压、套压是反映注水井生产动态的重要参数，须每天按资料录取规定正常录取上报，注水井录取压力需掌握注水井井口泵压、油压、套压正确录取的方法、步骤。

2 操作前准备

2.1 穿戴好劳动保护用品。

2.2 准备工用具：钢笔一支，棉纱少许，记录纸。

2.3 将压力表表面用棉纱擦干净。

3 操作步骤

3.1 用手轻拍压力表侧面外壳，观察压力表指针是否轻微颤动，而指针位置保持不变。

3.2 正面对着压力表盘，读取指针所指刻度表示的压力值；如果指针波动，应读取其压力平均值。

3.3 记录所读取的压力值，保留 1 位小数，压力单位为 MPa。

4 操作要点

4.1 指针波动应查明原因；如果波动，压力值应取指针波动最高值与最低值的平均值。

4.2 压力值应在所用压力表量程的 1/3 ~ 2/3。

4.3 所读压力值与标准表压力值误差不大于 0.01MPa。

4.4 读取压力值时，应使视线、刻度和指针呈一直线，视线距离应在 500mm 以内。

4.5 正常注水井每班录取一次泵压、油压、套压资料，全天数据为每班数据之和的平均值；计划停注注水井及定点测压注水井，关井时每天录取一次油压、套压数据。

项目六 注水井井口水样录取

1 项目简介

注水井取水样是了解注入地层水质是否达标的主要手段，需要按规定定时定点从注水井井口录取水样。

2 操作前准备

2.1 穿戴好劳动保护用品。

2.2　准备工用具："F"形扳手一把，500mL广口瓶或玻璃取样瓶一个，排污桶，棉纱少许。

2.3　检查取样瓶，取样瓶口软木塞封闭严密，而且必须干净、干燥、不渗、不漏。

3　操作步骤

3.1　核对井号与取样井是否一致。

3.2　缓慢打开该井的取样阀门（放空阀门或洗井管线出口），将滞留在管内的"死水"排出。

3.3　将取样水装入取样瓶的2/3，盖好软木塞，摇动冲洗取样瓶后倒入放污桶，反复三次，将取样瓶冲洗干净。

3.4　取水样至取样瓶的2/3，关闭该井的放空闸门，用软木塞盖好取样瓶。

3.5　用棉纱擦净取样瓶外和取样闸门上的溅出物。

3.6　填写取样标签，写明取样井号、取样日期、取样人姓名，然后把样品送交化验室。

4　操作要点

4.1　取样后要盖好取样瓶，以防成分损失或杂质进入瓶内。

4.2　取样瓶拿放要平稳，瓶口用软木塞盖好，防止样品溅出瓶外及杂质脏物落入，影响资料的真实性。

4.3　注水泵站生产正常和注水井生产稳定时，方可取样，以保证资料的真实性。

4.4　在注水站、配水间取水样操作同井口取样步骤。

4.5　注水井注入水质化验水样必须在井口取；洗井水质化验水样必须在洗井管线出口处取。

4.6　取样操作时，人与取样口呈90°角侧身进行取样，不允许正对取样口。

5　安全注意事项

5.1　注水井井口压力一般较高，取样时严格遵守安全操作规程。

5.2　取样放空时需使用排污桶，严禁对地放空，以免造成泄漏，污染环境。

5.3　因取样瓶为玻璃制品，操作过程中必须轻拿轻放，注意不要碰撞。

6　突发事件应急处理

6.1　发生泄漏，应立即关闭取样阀，清理现场后，使用排污桶，平稳打开取样阀，进行取样放空操作。

6.2　操作过程中如发生磕碰、砸伤、闸门配件打出伤人等突发安全事件，应根据情况在现场对症简单包扎，情况严重的应立即通知调度安排车辆送医院救治。

项目七　注水井注水量调整

1　项目简介

注水井每天向油层注水是保持或恢复油层压力、提高油藏的采收率和采油速度的重要手段。注水井注水量是指注水井每天注入油层中的水量，单位是 m^3/d。注入油层的水量必须平稳，注水量要按每天的配注要求定点观测、调整，以保证平稳注水。

2　操作前准备

2.1　穿戴好劳动保护用品。

2.2　准备工用具："F"形扳手一把，秒表一块，计算器一个。

2.3　了解注水井的配注量与层段性质。

3　操作步骤

3.1　当用高压干式水表计量注水量时，计算出注水井日注水量的合格范围，将上、下限水量除以 1440min，折算出注水井每分钟配注水量的合格范围。

3.2　利用秒表计时，测量出每分钟的实际注水量。

3.3　将配注水量和实际注水量进行比较，当实际注水量大于上限配注水量时，适当缓慢关小下流闸门；当实际注水量小于下限配注水量时，适当缓慢开大下流闸门。重复计时测算，直至实际注水量达到配注水量范围内(此时应注意压力值在所要求的范围内)。

3.4　当用流量计计量注水量时，计算出注水井日注水量的合格范围，将上、下限水量分别除以 24，折算出注水井每小时配注水量的合格范围。然后根据挡板直径查表或通过计算查出每小时注水量指针应处的格数范围。

3.5　根据查出的格数范围，调节下流闸门，使指针到位。指针一般应在 30 ~ 70 格，如果超出此范围，应更换合适的孔径挡板。

4　操作要点

4.1　调整水量必须使用下流闸门控制。

4.2　调大注水量时，应先将注水量调至超过配注量，再缓慢回关闸门，使注水量达到配注要求。

4.3　操作闸门要平稳，防止损坏计量仪表和井下封隔器。

4.4　读数必须准确无误。

5　安全注意事项

5.1　开关闸门时，要站在闸门侧面。

5.2　工作期间严格按照安全操作标准实施。

6　突发事件应急处理

6.1　操作过程中如突然发生泄漏，应立即关闭上、下流注水闸门，等整改后再进行下一步操作。

6.2　操作过程中如发生磕碰、砸伤、闸门配件打出伤人等突发安全事件，应根据情况在现场对症简单包扎，情况严重的应立即通知调度安排车辆送医院救治。

模块二 资料整理填写

项目一 采油井班组日报表填写

1 项目简介

采油井班组日报表是记录采油井第一手生产资料的报表，在生产现场需定时整理、填写班报表，反映采油井当天(24h)的生产运行、产出等动态生产数据，为油田生产管理和动态分析提供第一手资料。

2 操作前准备

2.1 穿戴好劳动保护用品。

2.2 准备工用具：采油班报表、钢笔及计算用具。

2.3 采油井各项资料。

3 采油班报表操作步骤

3.1 填写报表基本数据：采油井号，泵径，泵深，填写日期。

3.2 填写生产参数：抽油机井填写泵径、冲程、冲次；自喷井填写油嘴直径；电泵井填写泵排量；螺杆泵井填写螺杆泵转速。

3.3 填写井口资料：抽油机井或螺杆泵井填写套压、回压、温度、抽油机井上、下行工作电流，单拉井填写罐位，掺水井填写掺水压力。自喷井或电泵井填写油压、套压、回压、温度、电泵井工作电压以及三相电流资料。

3.4 填写3次量油时间、量油读数、干温、干压、分压及压差资料。

3.5 填写采油井当日用料情况：成本消耗及材料消耗资料。

3.6 填写采油井工作中发生的情况(如热洗、测压测试、设备维护、作业施工等)，油井设备维护及施工作业时间、内容，并扣除油井生产时间及产量。当天与生产有关的所有事项，填入"工作情况"栏。

3.7 当日采油井生产小结：填写全日生产时间、含水、全天量油及清蜡次数，计算日产液量、产油量、产水量并填入报表。

日产液量计算如式(1-3)所示：

$$Q = \frac{Q_1 + Q_2 + Q_3}{3} \tag{1-3}$$

式中　　　　Q——平均日产液量，t/d；

Q_1、Q_2、Q_3——每次测量液量，t/d。

$$日产油量(t/d) = 日产液量 \times (1 - 含水)$$

$$日产水量(t/d) = 日产液量 - 日产油量$$

3.8　填写日产气量，计算气油比(m^3/t)如式($1-4$)所示：

$$气油比 = 日产气量/日产油量 \qquad (1-4)$$

3.9　填写站长姓名，值班人姓名。下班后把报表送交采油区资料室。

4　操作要点

4.1　用仿宋字填写，字迹工整，数据清楚，书写准确，杜绝涂改。

4.2　计算结果正确，不漏取和漏填数据。

4.3　采油井班组日报表24h内进行的工作应记录清楚。

项目二　注水井班组日报表填写

1　项目简介

注水井班组日报表是记录注水井第一手注水资料的报表，在生产现场需定时整理、填写班报表，反映注水井当天(24h)的生产运行、注入等动态数据，为油田生产管理和动态分析提供第一手资料。

2　操作前准备

2.1　穿戴好劳动保护用品。

2.2　准备工用具：注水班报表、钢笔及计算用具。

2.3　注水井各项资料。

3　注水井班组日报表操作步骤

3.1　填写报表基本数据：注水井号、注水层位、注水井段，填写日期。

3.2　填写注水时间：注水时间每班(8h)记录四次(2h/次)，全天注水时间为每班注水时间之和，注水时间取值到分钟。

3.3　填写注水井资料(2h/次)：注入方式、全井配注量、泵压、油压、套压、水表读数，并将计算注水量数据填写在报表内。

3.4　当日注水井生产小结：填写全天注水时间，计算全井日注水量，填写末班水表读数、泵压、油压、套压。对于分层注水井，根据配注层段吸水百分比，计算分层注水井各层段的注水量。

3.5　填写当日与注水井有关的所有事项：将测试、测压、洗井、停井、设备维护、作业施工等的具体时间及详细内容，填入"备注"栏。

3.6　填写站长姓名、值班人姓名，下班后把报表送交采油区资料室。

4　操作要点

4.1　用仿宋字填写，字迹工整，书写准确，杜绝涂改，页面清楚整洁。

4.2 计算结果正确，不漏取和漏填数据。

4.3 注水井日报表24h内进行的工作应记录清楚。

4.4 注水方式有正注、反注和合注。来水通过注水总闸阀由油管向油层注水称为正注；来水通过油套联通闸阀由套管向油层注水称为反注；由油管和套管一起向油层注水称为合注。为保护套管，一般注水方式为正注。

4.5 洗井情况记录，洗井时间、洗井方式、洗井压力、洗井用水量、进出口排量、漏失量、喷出量、水质资料等。

项目三 采油井综合日报表填写

1 项目简介

采油井综合日报表是采油区当天所有采油井数据的汇总表，是对班报表的综合汇总，反应采油区当天各单井生产情况及整体生产情况。

2 操作前准备

2.1 穿戴好劳动保护用品。

2.2 准备工用具：采油井综合日报表、钢笔及计算用具。

2.3 采油区各采油井班组日报表。

3 采油井综合日报表操作步骤

3.1 填写报表表头：采油区，填写日期。

3.2 核对每口采油井的日产液量、日产油量、日产水量、日产气量。

3.3 根据采油区各采油井班组日报表，填写全区所有采油井当日生产情况。一口采油井占一行，从左侧依次填写序号、油井井号、生产时间、泵径/油嘴、冲程、冲次、油压、套压、回压、日产液量、日产油量、日产水量、日产气量、含水、上行电流、下行电流、电泵井工作电压、井口温度、泵深、液面及测试日期等数据。

3.4 备注栏内填写采油井当天工作中发生的与生产有关的所有事项，如热洗、加药、测压测试、设备维护、作业施工等的具体时间及详细内容，并扣除油井生产时间及产量。

3.5 表头下面汇总填写全区当日总井数、开井数、日产液量、日产油量、日产气量、综合含水等总体数据。

4 操作要点

4.1 用仿宋字填写，字迹工整，书写准确，杜绝涂改，页面清楚整洁。

4.2 计算结果正确，不漏取和漏填数据。

4.3 采油井日报表24h内进行的工作应记录清楚。

4.4 抽油机井资料九全九准，即：油压、套压、动液面（流压）、静液面（静压）、产量、示功图、电流、油气比、原始含水化验资料全准。

4.5　电泵井资料九全九准，即油压、套压、泵前流压、静压、产量、油气比、原始含水化验、电流、动液面全准。

项目四　注水井综合日报表填写

1　项目简介

注水井综合日报表是采油区当天所有注水井数据的汇总表，是对班报表的综合汇总，反应采油区当天各单井注水情况及整体注水情况。

2　操作前准备

2.1　穿戴好劳动保护用品。

2.2　准备工用具：注水井综合日报表、钢笔及计算用具。

2.3　从采油区收集注水井班组日报表。

3　注水井综合日报表操作步骤

3.1　填写报表表头：采油区，填写日期。

3.2　根据采油区各注水井班组日报表，填写全队所有注水井当日注水情况。一口注水井占一行，从左侧依次填写序号、水井井号、注水时间、注水方式、泵压、套压、油压、日注水量、分层百分数及分层注水量、水质情况(杂质、总铁)、日配注水量等数据。

3.3　备注内填写注水井当天发生的与注水有关的所有事项，如测试、测压、洗井、停井、设备维护、作业施工等的具体时间及详细内容。

3.4　表头下面汇总填写全区当日注水井的总井数、开井数、日注水量、日配水量、增注开泵数、增注开井数、增注水量。

4　操作要点

4.1　用仿宋字填写，字迹工整，书写准确，杜绝涂改，页面清楚整洁。

4.2　计算结果正确，不漏取和漏填数据。

4.3　注水井日报表24h内进行的工作应记录清楚。

4.4　注水井资料七全七准，即泵压、油压、套压、静压、注水量、分层注水量、洗井资料全准。

项目五　采油井月度综合数据填写

1　项目简介

采油井月度综合数据反映采油井月度连续的生产变化，便于日常生产分析与管理；是以一口井为单位，根据采油井综合日报表把每日的生产或停产情况按日历天数记录在一个表格内，每月一张，要求每日整理一次，旬度和月度汇总计算。

2 操作前准备

2.1 穿戴好劳动保护用品。

2.2 准备工用具：油井综合记录纸、钢笔及计算用具。

2.3 从采油区收集采油井综合日报表、生产层位、产状等各项参数数据。

3 操作步骤

3.1 填写表头：井号、月份、投产日期、生产层位、生产层射孔井段、生产层厚度/层数、泵深。

3.2 填写每天的生产时间，每月末统计全月生产天数。每口井全月的总生产天数是全月各天生产天数累加之和，并以日、小时来表示，少于30min的略去不计，多于30min的进为1h。

3.3 填写生产参数：抽油机井填写泵径、冲程、冲次，螺杆泵填写型号、转速，自喷井填写油嘴直径，电泵井填写排量、油嘴直径。月末机械采油井计算泵效，计算公式如式(1-5)所示：

$$泵效 = \frac{实际产液量}{理论排量} \times 100\% \tag{1-5}$$

3.4 填写压力资料：抽油机井、螺杆泵井填写回压、套压，自喷井、电泵井填写油压、回压、套压。

3.5 填写每天井口温度：对于井口掺液生产井，除填写井口温度外，还要填写混合液温度。

3.6 填写每天地面设备电流、电压资料，如：抽油机井上下行工作电流、电压资料，电泵井工作电压以及三相电流资料。

3.7 填写每天的日产液量、日产油量、日产水量、日产气量、含水率、气油比，若是聚合物采出井还需填写采出液中聚合物浓度。月末计算并填写采油井月产油量、月产水量、月产气量，平均日产油量、日产水量、日产气量，平均气油比和平均含水率。

平均日产油、水、气量，平均气油比和平均含水率计算公式如式(1-6)~式(1-8)所示：

$$日产油(水、气)量 = 月产油(水、气)量/月实际生产天数 \tag{1-6}$$

式中，日产油量、日产水量取小数点后1位，第二位四舍五入；日产气量要求为整数，小数位四舍五入。

$$平均气油比 = 平均日产气量/平均日产油量 \tag{1-7}$$

式中，平均气油比要求为整数，小数位四舍五入。

$$平均含水率 = 平均日产水量/平均日产液量 \times 100\% \tag{1-8}$$

式中，含水率小于 1% 时，取小数点后 2 位，第三位四舍五入；含水率大于 1% 时，取小数点后 1 位，第二位四舍五入。

3.8　填写采油井的动液面及测试日期、静液面、静压、原油全分析或半分析资料（原油密度、黏度、含砂量）、水性分析资料（氯离子含量、总矿化度、水型）等。月末计算沉没度，计算公式如式（1-9）所示：

$$沉没度 = 泵深 - 动液面 \qquad (1-9)$$

3.9　填写备注记录采油井每天发生的情况，包括热洗、加药、掺水压力及水量、测压测试，停电、设备维护、作业施工等具体时间及详细内容。

4　操作要点

4.1　用仿宋字填写，字迹工整，书写准确，杜绝涂改，页面清楚整洁。

4.2　根据采油井综合日报表，如实整理填写，计算准确无误，不漏取、漏填数据。

4.3　采油井的月产油量、月产水量、月产气量应等于当月实际日产油量、日产水量、日产气量的计算总和。

4.4　所有数据均采用国际标准计量单位符号表示，如压力 MPa、日产油量 t/d、日产水量 t/d、日产气量 m^3/d、含水率%、沉没度 m、气油比 m^3/t、泵效%。

项目六　注水井月度综合数据填写

1　项目简介

注水井月度综合数据反映注水井月度的连续注水变化，便于日常生产分析与管理；是以一口井为单位，根据注水井综合日报表把每日的注水或停注情况按日历天数记录在一个表格内，每月一张，要求每日整理一次，旬度和月度汇总计算。

2　操作前准备

2.1　穿戴好劳动保护用品。

2.2　准备工用具：水井综合记录纸、钢笔及计算用具。

2.3　从采油区收集注水井综合日报表、注水井注水层位，注水状况等各项参数数据。

3. 操作步骤

3.1　填写表头：井号、月份、转注日期、注水层位、射孔井段、射孔厚度/层数、日配水量。分层井填写封隔器下入日期。

3.2　填写每天注水情况：根据注水井综合日报表填写整理每天的注入方式、注入时间、注入压力（包括开关井泵压、套压、油压）、全井日注水量、分层注水量、水质情况（杂质、总铁）等数据。

3.3　注水井每天发生的情况填写备注，包括测试、测压、洗井、停井、设备维护、作业施工等的具体时间及详细内容。

3.4 计算填写旬度及全月的注水时间、注水量、分层注水量和溢流量等数据。

4 操作要点

4.1 用仿宋字填写，字迹工整，书写准确，杜绝涂改，页面清楚整洁。

4.2 根据注水井综合日报表，如实整理填写，计算准确无误，不漏取、漏填数据。

4.3 分注井填写分层测试成果，本次测试时间、所配水嘴大小、测试压力及分层测试水量、分层配注。

4.4 注水井的月注水量是当月每天注水量之和，月注水时间是扣除洗井、停井等时间后本月注水时间之和。

4.5 所有数据均采用国际标准计量单位符号表示，如压力 MPa、深度 m、注水量 m^3。

项目七 采油井井史资料填写

1 项目简介

采油井井史资料反映采油井投产以来的生产动、静态变化情况，为动态分析、下步措施的制定提供最基本的资料支持；井史资料的填写是以一口井为单位，每年一张，根据采油井月度综合数据把每月的生产或停产情况按月度记录在一个表格内，要求每月整理一次，并将重大的变化(补孔、压裂等)填写在大事纪要栏内。

2 操作前准备

2.1 穿戴好劳动保护用品。

2.2 准备工用具：油井井史台账、钢笔及计算用具。

2.2 从采油区收集采油井综合记录、采油井各项生产参数。

3 操作步骤

3.1 填写采油井井史表头数据：井号、年份、投产日期、射孔层位、射孔井段、射孔厚度/层数、油层中深、生产层位、生产井段、生产厚度/层数、层系系数、原始压力、饱和压力、见水日期、见水层位、人工井底、套补距，若是聚合物采出井还需填写见聚合物日期。

3.2 填写月份、生产层位、生产天数、生产参数、油压、套压、回压等资料。

3.3 在采油井综合记录中选择一天能反映本月生产水平的日产量，如实填入井史中，包括日产液量、日产油量、日产水量、含水率、气油比等。若是电泵井还需填写电流值，若是聚合物采出井还需填写采出液浓度。

3.4 计算填写月产油量、月产水量、月产气量、年度产油量、年度产水量、累积产油量、累积产水量。

3.5　填写液面数据，包括测试日期、液面深度和沉没度。

3.6　填写本月测压情况，包括测压日期、方式、静压、流压、泵口压力，并计算总压差、流饱压差、生产压差、采油指数。

3.7　计算并填写抽油泵理论排量，计算抽油机井泵效和热洗周期。若是电泵井还需填写油嘴直径，计算排量效率。

3.8　填写、计算下电泵后数据：累计产液量、累计增产液量、累计产油量、累计增产油量以及电泵运转天数(包括总累、单机率)。

3.9　大事纪要栏内填写措施作业施工情况，包括施工日期、措施层位、层段、厚度/层数以及简要的施工内容。

3.10　备注栏内填写本月生产情况，测试及找水数据，躺井及作业检泵等的有关资料。

4　操作要点

4.1　用仿宋字填写，字迹工整，书写准确，杜绝涂改，页面清楚整洁。

4.2　根据采油井月度综合数据，每月整理一次，如实整理填写，计算准确无误，不漏取、漏填数据。

4.3　生产参数：抽油机井填写泵径、冲程、冲次，螺杆泵填写型号、转速，自喷井填写油嘴直径，电泵井填写排量、油嘴直径。

4.4　所有数据均采用国际标准计量单位符号表示，如压力 MPa、日产油量 t/d、日产水量 t/d、日产气量 m^3/d、含水率%、沉没度 m、气油比 m^3/t、泵效%。

项目八　注水井井史资料填写

1　项目简介

注水井井史资料反映注水井投注以来的生产动、静态变化情况，为动态分析、下步措施的提出提供最基本的资料支持；井史资料的填写是以一口井为单位，每年一张，根据注水井月度综合数据把每月的生产或停产情况按月度记录在一个表格内，要求每月整理一次，并将重大的变化(补孔、分注等)填写在大事纪要栏内。

2　操作前准备

2.1　穿戴好劳动保护用品。

2.2　准备工用具：水井井史台账、钢笔及计算用具。

2.3　从采油区收集水井综合记录、注水井各项注水参数。

3　操作步骤

3.1　填写注水井井史表头数据：井号、年份、投注日期、射孔层位、射孔井段、射孔油层厚度/层数、油层中深、注水层位、注水层井段、注水层厚度/层数、地层系数，分层注水井分注日期、分段注水层段、分段注水厚度/层数。

3.2　填写月份、注水层位、注水天数、注水方式等资料。

3.3　在每月的注水数据中选择能反映注水井本月注水状况的一天数据，作为注水数据选值填入井史中，主要内容包括日配水量、注水井的泵压、油压、套压、日注水量、分层配水器直径、分层百分数及日注水量、水质情况(杂质、总铁)。

3.4　计算填写注水井月注水天数、月注水量、分层月注水量，全井年度注水量、分层年度注水量，全井累计注水量、分层累计注水量。

3.5　在大事纪要栏内填写作业施工情况，包括施工日期、层位、层段、厚度/层数以及简要的施工内容；填写压力监测情况，测压日期、所测静压、流压。

3.6　备注栏内填写本月注水情况，分层测试、测压、洗井、设备维护、停井、动态调配、动态关井等资料。

4　操作要点

4.1　用仿宋字填写，字迹工整，书写准确，杜绝涂改，页面清楚整洁。

4.2　根据注水井月度综合数据，每月整理一次，如实整理填写，计算准确无误，不漏取、漏填数据。

4.3　所有数据均采用国际标准计量单位符号表示，如压力 MPa、深度 m、注水量 m^3。

单元二　仪器仪表更换

项目一　采油井油压表更换

1　项目简介

采油井油压是显示原油从井底举升到井口的剩余压力，测量油压的压力表安装在采油树油嘴前与油管连接的位置上。测得的油压高，说明油井的供液能力强；油压低，说明油井的供液能力弱。按照油气生产安全管理规定，压力表需定期更换送检，在无法正常使用后也需要及时更换。

2　操作前准备

2.1　穿戴好劳动保护用品。

2.2　准备工用具：钢笔、记录纸、活动扳手250mm、黄油、密封垫、密封胶带、麻丝少许、新的合适量程(压力表量程规定在1/3～2/3)的油压表。

3　操作步骤

3.1　核对井号，检查设备流程有无渗漏。

3.2　关闭压力表截止阀，卸松放压孔放空。

3.3　在新压力表上装好压力表接头，接头粗螺纹一头与阀门连接，细螺纹一头与压力表连接。

3.4　加密封垫或麻丝，压力表接头缠绕密封胶带数圈。

3.5　使用合适的扳手，上紧压力表。

3.6　压力表装好后，关闭放空闸门，打开截止阀，确认不渗不漏后，记录压力表读数，填写到报表上。

4　操作要点

4.1　穿戴整齐劳动保护用品，工具、用具准备齐全。

4.2　压力表截止阀如果没有放压孔闸门，应缓慢卸松压力表2～3圈后再取下旧表。

4.3　开关闸门必须平稳缓慢，放空压力后才能取下旧表。

5 安全注意事项

5.1 开关闸门和更换压力表时，身体不能正对闸门和压力表，必须侧开，以免打出伤人。

5.2 工作期间严格按照安全操作标准实施。

5.3 更换过程必须在压力全部泄掉的情况下进行。

6 突发事故应急处理

6.1 操作过程中若压力表截止阀关闭不严产生刺漏，应立即关闭单井生产闸门，卸压后再进行下一步操作。

6.2 操作过程中如发生磕碰、砸伤、压力表打出伤人等突发安全事件，应根据情况在现场对症简单包扎，情况严重的应立即通知调度安排车辆送医院救治。

项目二　采油井套压表更换

1 项目简介

采油井套压是油套环形空间的压力，测量套压的压力表安装在采油树套管闸门处，与油管和套管之间的环形空间连通。它的大小反映环形空间压力大小及天然气从原油中分离出来的多少。采油井套压表按照油气生产安全管理规定，压力表需定期更换送检，在无法正常使用后也需要及时更换。

2 操作前准备

2.1 穿戴好劳动保护用品。

2.2 准备工用具：钢笔、记录纸、活动扳手250mm、黄油、密封垫、密封胶带、麻丝少许、新的合适量程(压力表量程规定在1/3~2/3)的套压表。

3 操作步骤

3.1 核对井号，检查设备流程有无渗漏。

3.2 关闭压力表截止阀，卸松放压孔放空。

3.3 在新压力表上装好压力表接头，接头粗螺纹一头与阀门连接，细螺纹一头与压力表连接。

3.4 加密封垫或麻丝，压力表接头缠绕密封胶带数圈。

3.5 使用合适的扳手，上紧压力表。

3.6 压力表装好后，关闭放空闸门，打开截止阀，确认不渗不漏后，记录压力表读数，填写到报表上。

4 操作要点

4.1 穿戴整齐劳动保护用品，工具、用具准备齐全。

4.2　压力表截止阀如果没有放压孔闸门，应缓慢卸松压力表2～3圈后再取下旧表。

4.3　开关闸门必须平稳缓慢，放空压力后才能取下旧表。

5　安全注意事项

5.1　开关闸门和更换压力表时，身体不能正对闸门和压力表，必须侧开，以免打出伤人。

5.2　工作期间严格按照安全操作标准实施。

5.3　更换过程必须在压力全部泄掉的情况下进行。

6　突发事故应急处理

6.1　操作过程中若压力表截止阀关闭不严刺漏，应立即关闭单井生产闸门，卸压后再进行下一步操作。

6.2　操作过程中如发生磕碰、砸伤、压力表打出伤人等突发安全事件，应根据情况在现场对症简单包扎，情况严重的应立即通知调度安排车辆送医院救治。

项目三　注水井油压表更换

1　项目简介

注水井油压指注水井的注水压力，油压的变化反映着地层吸水能力的变化；注水井油压表按照油气生产安全管理规定，压力表需定期更换送检，在无法正常使用后也需要及时更换。

2　操作前准备

2.1　穿戴好劳动保护用品。

2.2　准备工用具：钢笔、记录纸、活动扳手250mm、黄油、密封垫、密封胶带、麻丝少许、新的合适量程（压力表量程规定在1/3～2/3）的油压表。

3　操作步骤

3.1　核对井号，检查设备流程有无渗漏。

3.2　关闭压力表截止阀，卸松放压孔放空。

3.3　在新压力表上装好压力表接头，接头粗螺纹一头与阀门连接，细螺纹一头与压力表连接。

3.4　加密封垫或麻丝，压力表接头缠绕密封胶带数圈。

3.5　使用合适的扳手，上紧压力表。

3.6　压力表装好后，关闭放空闸门，打开截止阀，确认不渗不漏后，记录压力表读数，填写到报表上。

4　操作要点

4.1　穿戴整齐劳动保护用品，工用具准备齐全。

4.2 压力表截止阀如果没有放压孔闸门，应缓慢卸松压力表 2~3 圈后再取下旧表。

4.3 开关闸门必须平稳缓慢，放空压力后才能取下旧表。

5 安全注意事项

5.1 开关闸门和更换压力表时，身体不能正对闸门和压力表，必须侧开，以免打出伤人。

5.2 工作期间严格按照安全操作标准实施。

5.3 更换过程必须在压力全部泄掉的情况下进行。

6 突发事故应急处理

6.1 操作过程中若压力表截止阀关闭不严刺漏，应立即关闭单井注水闸门，卸压后再进行下一步操作。

6.2 操作过程中如发生磕碰、砸伤、压力表打出伤人等突发安全事件，应根据情况在现场对症简单包扎，情况严重的应立即通知调度安排车辆送医院救治。

项目四　注水井套压表更换

1 项目简介

注水井套压反映的是油套环形空间的压力，反映吸水层的吸水能力，注水井套压表按照油气生产安全管理规定，压力表需定期更换送检，在无法正常使用后也需要及时更换。

2 操作前准备

2.1 穿戴好劳动保护用品。

2.2 准备工用具：钢笔、记录纸、活动扳手 250mm、黄油、密封垫、密封胶带、麻丝少许、新的合适量程（压力表量程规定在 1/3~2/3）的套压表。

3 操作步骤

3.1 核对井号，检查设备流程有无渗漏。

3.2 关闭压力表截止阀，卸松放压孔放空。

3.3 在新压力表上装好压力表接头，接头粗螺纹一头与阀门连接，细螺纹一头与压力表连接。

3.4 加密封垫或麻丝，压力表接头缠绕密封胶带数圈。

3.5 使用合适的扳手，上紧压力表。

3.6 压力表装好后，关闭放空闸门，打开截止阀，确认不渗不漏后，记录压力表读数，填写到报表上。

4 操作要点

4.1 穿戴整齐劳动保护用品，工用具准备齐全。

4.2 压力表截止阀如果没有放压孔闸门，应缓慢卸松压力表 2~3 圈后再取下旧表。

4.3 开关闸门必须平稳缓慢，放空压力后才能取下旧表。

5 安全注意事项

5.1 开关闸门和更换压力表时，身体不能正对闸门和压力表，必须侧开，以免打出伤人。

5.2 工作期间严格按照安全操作标准实施。

5.3 更换过程必须在压力全部泄掉的情况下进行。

6 突发事故应急处理

6.1 操作过程中若压力表截止阀关闭不严刺漏，应立即关闭单井注水闸门，卸压后再进行下一步操作。

6.2 操作过程中如发生磕碰、砸伤、压力表打出伤人等突发安全事件，应根据情况在现场对症简单包扎，情况严重的应立即通知调度安排车辆送医院救治。

项目五　干式水表芯子更换

1 项目简介

注水井水表主要是用来计量注水井注水量，大多使用干式水表。水表芯子是干式水表的主要组成部分，在注水过程中，受注水水质、注水压力等因素影响，水表芯子会因结垢被卡而停止运行，或者读数失真，此时就需要及时更换。

2 操作前准备

2.1 穿戴好劳动保护用品。

2.2 准备工用具：计算器、记录纸；450mm、375mm、300m 活动扳手各一把，200mm 起子，黄油少许以及新水表芯子一只。

3 操作步骤

3.1 关闭分水器下流闸门和上流闸门。

3.2 将水表总成上方的法兰盖螺栓松 2~3 扣，用起子撬开水表芯子。

3.3 当有水泄露出来时，表明上流闸门和下流闸门管道已泄压(如有放空闸门应首先打开放空)。

3.4 将法兰盖螺丝卸下，用起子撬出旧水表芯，并将底部密封垫和上部密封圈同时取出。

3.5 将新的底部橡胶密封垫和上部密封圈装好。

3.6 把新的水表芯子缓慢放入总成内，使数字与分水器平行，放上法兰盖，对角拧紧螺栓，并使法兰盖与下法兰盘平行。

3.7 稍开分水器上流闸门，检查是否有渗漏。

3.8 全部打开上流闸门，然后再开下流闸门观察水表数字变化，调节水量在配注量范围之内。

3.9 记录新旧水表底数。

4 操作要点

4.1 穿戴整齐劳动保护用品，工用具准备齐全。

4.2 开闸门时，要先开上流闸门，后开下流闸门；关闸门时，要先关下流闸门，后关上流闸门。

4.3 上法兰螺丝时对角上紧，使法兰与法兰片平行；安装牢固、不渗、不漏。

4.4 操作闸门时必须先开后关。

5 安全注意事项

5.1 开关闸门必须平稳，操作时身体应侧对闸门丝扣。

5.2 工作期间严格按照安全操作标准实施。

5.3 所有操作过程必须在压力全部泄掉的情况下进行。

6 突发事故应急处理

6.1 操作过程中若闸门渗漏，压力上升，应立即关闭站内注水总闸门，卸压后再进行下一步操作。

6.2 操作过程中如发生磕碰、砸伤、压力表打出伤人等突发安全事件，应根据情况在现场对症简单包扎，情况严重的应立即通知调度安排车辆送院救治。

单元三　参数计算

模块一　单井指标计算

项目一　玻璃管量油产量计算

1　项目简介

量油是采油生产现场核实油井产能最直接、最有效的方式。目前采油井最常用的量油方法为玻璃管量油,应用玻璃管连通平衡原理计量出规定量油高度所需时间,通过容积法计算出日产液量。

2　操作前准备

2.1　穿戴好劳动保护用品。

2.2　准备工用具:钢笔、计算器、记录本。

2.3　分离器玻璃管量油参数(分离器直径、玻璃管量油高度、水密度、量油时间、分离器人孔体积等)。

3　计算步骤

3.1　玻璃管量油是根据连通管平衡原理,采用定容积计量的方法。即分离器内液柱压力与玻璃管内的水柱压力相平衡,分离器液柱上升到一定高度,玻璃管内水柱相应上升一定高度,记录水柱上升高度所需时间,就可求得日产量(具体量油步骤见玻璃管量油项目)。

3.2　选择计算公式。观察人孔的位置,考虑人孔对原油计量的影响。

3.2.1　正常情况下,没有人孔影响的每天产液计算公式如式(3-1)所示:

$$Q = \frac{86400\pi D^2 h_{水}\rho_{水}}{4t} \tag{3-1}$$

式中　Q——日产液量,t/d;

$h_水$——玻璃管内水柱上升高度，m；

$\rho_水$——水的密度，t/m³；

t——水柱上升时间，s；

D——分离器直径，m。

3.2.2　当分离器有人孔，而且人孔位置在量油高度以内时，需考虑人孔的容积（$V_{人孔}$）。计算公式则修改为公式（3 - 2）：

$$Q = \frac{86400\pi D^2 h_水 \rho_水 + V_{人孔}}{4t} \qquad (3-2)$$

式中　Q——日产液量，t/d；

$h_水$——玻璃管内水柱上升高度，m；

$\rho_水$——水的密度，t/m³；

t——水柱上升时间，s；

D——分离器直径，m；

$V_{人孔}$——人孔的容积，m³。

3.3　计算日产量：运用计算器和计算公式计算出每天产液量。

3.4　校验计算结果。

4　操作要点

4.1　掌握玻璃管量油的原理，以及量油常数的用途。

4.2　掌握玻璃管量油日产液量计算方法、公式，计算准确。

4.3　日产量计算结果保留一位小数。

4.4　常见分离器量油简化计算见表3 - 1。

表3 - 1　分离器量油简化计算表

项目序号	分离器内径/mm	分离器内截面积/m²	人孔	规定量油高度/mm	水的密度/(t/m³)	日产量公式/(t/d)	备注
1	600	0.283	无	300	1	$Q=\dfrac{7329.0}{t(s)}$	
2	600	0.283	有	400	1	$Q=\dfrac{9780.0}{t(s)}$	人孔以下
3	800	0.503	无	500	1	$Q=\dfrac{21714.9}{t(s)}$	
4	1200	1.13	有	300	1	$Q=\dfrac{29289.6}{t(s)}$	人孔以下

项目二　注水井启动压力计算

1　项目简介

注水井启动压力的高低反映了地下油层的压力水平，是确定注水方案的主要依据。注水井启动压力计算主要是根据注水井不同状况下的压力参数计算。

2　操作前准备

2.1　穿戴好劳动保护用品。

2.2　准备工用具：直尺、钢笔、计算器、白纸等。

2.3　从测试队或采油区资料室收集注水井不同状况下的压力参数。

3　计算步骤

3.1　井口有余压。

注水井停注后，井口有剩余压力，此时平稳控制注水闸门，使流量计水量笔尖落零或水表读数没有变化。

3.1.1　当油层无控制注水（笼统注水即未装水嘴）时：

$$P_{启动} = P_{井口} + P_{水柱} - P_{管损} \tag{3-3}$$

3.1.2　当油层控制注水（分层注水即装水嘴）时：

$$P_{启动} = P_{井口} + P_{水柱} - P_{管损} - P_{嘴损} \tag{3-4}$$

式中　$P_{启动}$——地层开始吸水的压力，MPa；

　　　$P_{井口}$——水量为零时井口的压力，MPa；

　　　$P_{水柱}$——井筒中水柱压力，MPa；

　　　$P_{管损}$——井中油管损失的压力（通过管损曲线查得），MPa；

　　　$P_{嘴损}$——水嘴损失的压力（通过水嘴曲线查得），MPa。

3.2　井口没有压力。

注水井停注后，井口油套压归零，此时可以用分层指示曲线延长的方法计算启动压力。

3.2.1　当油层无控制注水（笼统注水即未装水嘴）时：

$$P_{启动} = P_{井口} - P_{管损} \tag{3-5}$$

3.2.2　当油层控制注水（分层注水即装水嘴）时：

$$P_{启动} = P_{水柱} - P_{管损} - P_{嘴损} \tag{3-6}$$

式中　$P_{启动}$——地层开始吸水的压力，MPa；

　　　$P_{水柱}$——井筒中水柱压力，MPa；

　　　$P_{管损}$——井中油管损失的压力（通过管损曲线查得），MPa；

$P_{嘴损}$——水嘴损失的压力(通过水嘴曲线查得),MPa。

水柱的高度和管损要从井筒中某一深度的水面算起,利用注水指示曲线的延长线与压力坐标轴的交线推算液面深度,计算公式为:

$$P_{水柱} = P_{水柱1} - P_{水柱2} \qquad (3-7)$$

式中 $P_{水柱}$——井筒中液面到某一层的水柱压力,MPa;

$P_{水柱1}$——从井口算到某层的水柱压力,MPa;

$P_{水柱2}$——从井口算到水柱液面处的水柱压力,MPa。

3.3 计算启动压力:运用计算器和计算公式计算出启动压力。

3.4 校验计算结果。

4 操作要点

4.1 检查给出的压力参数是否真实可靠,保证压力参数有可比性。

4.2 计算不同状况下的启动压力:井口有余压时的启动压力,井口没有压力时的启动压力。

4.3 计算时保留一位小数。

项目三 分层吸水分数计算

1 项目简介

通过计算注水井层段吸水量占总吸水量的比例,来衡量注水层的吸水能力,以便采取下一步的分注措施,为精细注水打下坚实的基础。

2 操作前准备

2.1 穿戴好劳动保护用品。

2.2 准备工用具:直尺、钢笔、计算器、白纸等。

2.3 从测试队或采油区资料室收集注水井测试成果资料。

3 操作步骤

3.1 根据分层测试成果计算在不同测试压力下各小层及全井的吸水分数。同一测试压力点下,每小层吸水量占全井水量的分数,即为每小层的吸水分数,各小层吸水分数和为100%。

3.2 以最高测试压力点为基础,上沿0.5MPa压力作为最高注水压力点,利用与之相邻的两个测试点水量,应用内插法推算上沿压力点水量,并计算此压力下的吸水分数。

3.3 计算不同压力下各小层吸水分数。以0.1MPa为压力间隔,利用以上已计算的各点吸水分数,用内插法求得每一压力值下的各层吸水分数。

3.4 利用小层吸水分数计算不同注水压力下各小层的日注水量。查得与注水压力相同压力下各小层的相对吸水分数，分别与全井日注水量相乘，取得各小层的日注水量。

3.5 校验计算结果。

3.6 举例：某分层注水井下两级封隔器，分三个层段注水，2018年5月10日分层测试结果见表3-2，计算各小层相对吸水分数和压力为9.4MPa、全井日注水量68m³时，各小层的日注水量。

表3-2 某井测试成果表　　　测试日期：2018年5月10日

层位	水嘴/mm	压力/MPa	日注水量/m³
I	5.2	11.0	20
		10.0	18
		9.0	16
II	3	11.0	40
		10.0	35
		9.0	30
III	4	11.0	24
		10.0	20
		9.0	16
全井		11.0	84
		10.0	73
		9.0	62

3.6.1 计算测试压力点9.0MPa、10.0MPa、11.0MPa下各层吸水分数（表3-3）。

表3-3 小层吸水分数

压力/MPa	层段I 日注水量/m³	比例/%	层段II 日注水量/m³	比例/%	层段III 日注水量/m³	比例/%	全井 日注水量/m³	比例/%
11.0	20	23.8	40	47.6	24	28.6	84	100
10.0	18	24.7	35	47.9	20	27.4	73	100
9.0	16	25.8	30	48.4	16	25.8	62	100

3.6.2 利用与之相邻的两个测试点水量，推算上沿0.5MPa点后压力值的水量，并计算在此压力下各层段吸水分数（表3-4）。

表 3-4　上沿 0.5MPa 点后压力值的水量

压力/MPa	层段 I		层段 II		层段 III		全井	
	日注水量/m³	比例/%	日注水量/m³	比例/%	日注水量/m³	比例/%	日注水量/m³	比例/%
11.5	21	23.3	43	47.8	26	28.9	90	100
11.0	20	23.8	40	47.6	24	28.6	84	100
10.0	18	24.7	35	47.9	20	27.4	73	100
9.0	16	25.8	30	48.4	16	25.8	62	100

3.6.3　计算各点吸水分数(以 9.0~9.6MPa 为例),两个相邻测试压力吸水分数之差除以分压力点数,所得值作为基数与上下吸水分数逐点相加或相减,即求得每个压力点下各小层的相对吸水分数(表 3-5)。

表 3-5　分层吸水分数

压力/MPa	层段 I		层段 II		层段 III		全井	
	日注水量/m³	比例/%	日注水量/m³	比例/%	日注水量/m³	比例/%	日注水量/m³	比例/%
11.5	21	23.3	43	47.8	26	28.9	90	100
11.0	20	23.8	40	47.6	24	28.6	84	100
10.0	18	24.7	35	47.9	20	27.4	73	100
9.6		25.1		48.1		26.8	0	100
9.5		25.3		48.2		26.5	0	100
9.4		25.4		48.2		26.4	0	100
9.3		25.5		48.3		25.2	0	100
9.2		25.6		48.3		26.1	0	100
9.1		25.7		48.3		26	0	100
9.0	16	25.8	30	48.4	16	25.8	62	100

3.6.4　根据分层吸水分数,算出 9.4MPa 时的各层段日注水量,已知 9.4MPa 时全井日注水量 68m³。

首先查得 9.4MPa 时各层段的吸水分数为 25.4%,48.2%,26.4%。

第一层段日注水量 = 68 × 25.4% = 17m³

第二层段日注水量 = 68 × 48.2% = 33m³

第三层段日注水量 = 68 × 26.4% = 18m³

3 个层段日注水量之和为全井日注水量 68m³,至此计算结束。

4　操作要点

4.1　各压力点间隔以 0.1MPa 为宜,以备日常注水,方便查找在各个压力下的小层吸水分数。

4.2 计算吸水分数时，取一位有效数字，第二位四舍五入；全井各层段吸水分数之和应为100%。

4.3 每个层段日注水量取整数，四舍五入，但应使各层段日注水量之和等于全井日注水量，不等于全井水量时，应随机在任一小层上调整(增加或减少1m³水量)。

项目四 抽油机井泵效计算

1 项目简介

抽油机井泵效是抽油机井的实际液量与理论排量的比值，泵效的高低直接影响着单井开采效率。

2 操作前准备

2.1 穿戴好劳动保护用品。

2.2 准备工用具：钢笔、计算器、白纸等。

2.3 从采油区资料室收集抽油机井生产数据。

3 操作步骤

3.1 收集计算抽油机井泵效指标的抽油机泵径、冲程、冲次数据。

3.2 计算抽油机井理论泵效，将收集数据代入公式(3-8)：

$$Q_{理} = \frac{1440\pi D^2 sn}{4} \tag{3-8}$$

式中 D——泵径，m；

　　s——活塞冲程长度，m；

　　n——抽油机冲次，次/min。

3.3 计算抽油机井泵效，将收集数据代入公式(3-9)：

$$\eta = \frac{Q_{液}}{Q_{理}} \times 100\% \tag{3-9}$$

式中 η——深井泵泵效，%；

　　$Q_{液}$——油井实际日产液量，m³/d 或 t/d；

　　$Q_{理}$——泵的理论排量，m³/d 或 t/d。

3.4 根据计算公式使用计算器计算抽油机井泵效。

3.5 校验计算结果。

4 操作要点

4.1 收集数据时，泵径与冲程单位要一致，一般折算以 m 为单位。

4.2 由于 $1440(\pi/4)D^2$ 对某一种直径的泵是固定的常数，可以用 K 来表示(表3-6)并称为泵的排量系数，所以 $Q = Ksn$。

表 3-6　深井泵的排量系数

泵径/mm	38	43	44	56	70	83	95
面积/$10^{-4}m^2$	11.34	14.52	15.2	24.63	38.48	54.1	70.88
K	1.63	2.09	3.19	3.54	5.54	7.79	10.21

项目五　潜油电泵井泵效计算

1　项目简介

潜油电泵井泵效是电泵井的实际液量与理论排量的比值，泵效的高低直接影响着电泵井开采效率。

2　操作前准备

2.1　穿戴好劳动保护用品。

2.2　准备工用具：钢笔、计算器、白纸等。

2.3　从采油区资料室收集潜油电泵井生产数据。

3　操作步骤

3.1　收集计算潜油电泵井泵效指标的型号数据。

3.2　潜油电泵井的理论排量：70 型的潜油电泵井的理论排量为 $70m^3/d$，100 型的潜油电泵井的理论排量为 $100m^3/d$。

3.3　计算电泵井泵效，将收集数据代入公式(3-10)：

$$\eta = \frac{Q_{液}}{Q_{理}} \times 100\% \qquad (3-10)$$

式中　　η——电泵井泵效，%；

　　$Q_{液}$——油井实际日产液量，m^3/d 或 t/d；

　　$Q_{理}$——泵的理论排量，m^3/d 或 t/d。

3.4　根据计算公式使用计算器计算电泵井泵效。

3.5　校验计算结果。

4　操作要点

4.1　收集数据时，理论排量与实际日产量单位要一致，一般以 t 为单位。

4.2　计算结果保留一位小数点。

模块二　抽油井管理指标计算

项目一　抽油机井利用率计算

1　项目简介

抽油机井利用率是衡量一个油田开发水平的重要指标，反映了抽油机井的开井现状，主要计算抽油机井开井数与在用井数的比值。

2　操作前准备

2.1　穿戴好劳动保护用品。

2.2　准备工用具：钢笔、计算器、白纸等。

2.3　从采油区资料室收集抽油机井油藏工程数据(总井数、开井数、计划关井数)。

3　操作步骤

3.1　将收集的抽油机油藏工程数据代入公式(3－11)：

$$年(季、月)抽油机井利用率 = \frac{开井生产井数}{总井数 - 计划关井数} \times 100\% \qquad (3-11)$$

3.2　根据计算公式使用计算器计算抽油机井利用率。

3.3　校验计算结果。

4　操作要点

4.1　收集井数指标时，一定要检验数据的合理性，计划关井的井数以油田上级业务部门批准的井数为准。计划关井是指按计划规定需要全月关闭的井，包括为了解地层压力变化关闭的井，钻井施工要求关闭的井，为开展研究试验关闭的井，间开井在压力恢复期间关闭的井等。这些井在关井期间虽然不能采油但却是生产必须的，所以不能算为不合理关井。因此，在计算油井利用率时必须从分母中扣除。

4.2　总井数是指交给采油生产单位，生产或试油采过的产油井，排液井也包括在内。

4.3　生产井开井数是指当月内连续生产24h以上，并有一定产量的油井；间隙出油井、有间开制度和一定产量的油井也算开井数。

4.4　计算结果保留一位小数点。

项目二　抽油机井电流平衡度计算

1　项目简介

抽油机电流平衡度是下冲程最高电流与上冲程最高电流的比值，能反映抽油机的运行状况，更能反映深井泵的工作状况及井内结蜡、杆管摩擦、杆管断脱等变化情况。

2　操作前准备

2.1　穿戴好劳动保护用品。

2.2　准备工用具：钢笔、计算器、白纸等。

2.3　从采油区资料室收集抽油机井上、下行电流的最高电流值。

3　操作步骤

3.1　将收集的抽油机井运行时的上、下电流值代入公式(3-12)：

$$B = \frac{I_{小}}{I_{大}} \times 100\% \qquad (3-12)$$

式中　B——抽油机井平衡度，%；

$I_{小}$、$I_{大}$——抽油机上、下行电流，A。

3.2　根据计算公式使用计算器计算抽油机井平衡度。

3.3　校验计算结果。

4　操作要点

4.1　实际生产中，抽油机井平衡度是上下行电流的比值，一般认为其值大于85%为平衡。

4.2　计算结果保留一位小数点。

项目三　抽油机井定点测压率计算

1　项目简介

在油田开发过程中，越来越需要定期定点测取抽油机井地层压力，给油藏分析提供关键数据，指导油田开发。通过计算抽油机井定点实测压井数与需要定点测压总井数的比值来计算油田定点测压率。

2　操作前准备

2.1　穿戴好劳动保护用品。

2.2　准备工用具：钢笔、计算器、白纸等。

2.3　从采油区资料室收集油田抽油机井测试参数。

3　操作步骤

3.1　将收集的抽油机井实际定点测压井数、计划定点测压井总井数代入公式(3-13)：

$$年(半年)定点井测压率 = \frac{年(半年)实际测压井数}{年(半年)计划定点测压井总数} \times 100\% \qquad (3-13)$$

3.2　根据计算公式使用计算器计算抽油机井定点测压率。

3.3　校验计算结果。

4　操作要点

4.1　实际生产中，一般定点测压井总井数为实际开井数，定点测压周期一般为半年到一年。

4.2　计算结果保留一位小数点。

项目四　抽油机井冲程利用率计算

1　项目简介

冲程利用率是抽油机实际冲程与抽油机铭牌最大冲程的比值；反映了抽油机井的生产现状。

2　操作前准备

2.1　穿戴好劳动保护用品。

2.2　准备工用具：钢笔、计算器、白纸等。

2.3　从采油区资料室收集油田抽油机井冲程参数。

3　操作步骤

3.1　将收集的抽油机井铭牌参数、实际冲程参数数据代入公式(3-14)：

$$冲程利用率 = \frac{抽油机井实际冲程}{抽油机井铭牌最大冲程} \times 100\% \qquad (3-14)$$

3.2　根据计算公式使用计算器计算抽油机井冲程利用率。

3.3　校验计算结果。

4　操作要点

4.1　实际生产中，实际冲程以实测为准，冲程单位为 m。

4.2　计算结果保留一位小数点。

项目五　抽油机井冲次利用率计算

1　项目简介

冲次利用率是抽油机实际冲次与抽油机铭牌最大冲程的比值；反映了抽油机井的生产现状，通过计算冲次利用率判断冲次的合理性。

2　操作前准备

2.1　穿戴好劳动保护用品。

2.2　准备工用具：钢笔、计算器、白纸等。

2.3　从采油区资料室收集油田抽油机井冲次参数。

3　操作步骤

3.1　将收集的抽油机井铭牌参数、实际冲次参数数据代入公式(3-15)：

$$冲次利用率 = \frac{抽油机井实际使用冲次}{抽油机井铭牌最大冲次} \times 100\% \quad (3-15)$$

3.2 根据计算公式使用计算器计算抽油机井冲次利用率。

3.3 校验计算结果。

4 操作要点

4.1 实际生产中，实际冲次以实测为准，冲次单位为次/分钟。

4.2 计算结果保留一位小数点。

项目六 抽油机井平均检泵周期计算

1 项目简介

抽油机检泵周期是描述一口抽油机井正常生产周期长短的一项重要指标，它反映了机采井下设备的生产状况和经济效益的好坏；通过计算抽油井的平均检泵周期来评价抽油机井管理水平的高低。

2 操作前准备

2.1 穿戴好劳动保护用品。

2.2 准备工用具：钢笔、计算器、白纸等。

2.3 从采油区资料室收集抽油机井的生产数据(每口单井的本次和上次检泵日期)。

3 操作步骤

3.1 将收集数据代入以下公式并计算检泵周期。

3.1.1 单井检泵周期指抽油机井最近两次检泵作业之间的实际生产天数；一般采用有效检泵周期，有效检泵周期指下泵投产之日至本次抽油装置失效之日的间隔天数。

3.1.2 平均检泵周期的计算公式如式(3-16)所示：

$$平均检泵周期 = \frac{统计井检泵周期之和}{统计井数之和} \quad (3-16)$$

一般采用平均有效检泵周期，平均有效检泵周期 = 抽油泵装置投产之日至本次抽油泵装置失效之日的间隔天数之和/统计井数之和。

3.2 根据计算公式使用计算器计算抽油机井平均检泵周期。

3.3 校验计算结果。

4 操作要点

4.1 本年新投井如果单井检泵周期小于抽油机平均检泵周期可不纳入计算。

4.2 两次检泵作业中间如果有措施作业，统计两次检泵中间天数时需将措施作业占产时间扣除。

4.3 在统计过程中如果措施作业为随检泵措施，则本次措施按检泵作业计算。

4.4 计算结果为整数。

模块三　注水井管理指标计算

项目一　注水井利用率计算

1　项目简介

注水井利用率是衡量一个油田开发水平的重要指标，反映了注水井的开井现状，主要计算注水井开井数与在用井数的比值。

2　操作前准备

2.1　穿戴好劳动保护用品。

2.2　准备工用具：钢笔、计算器、白纸等。

2.3　从采油区资料室收集注水井油藏工程数据（总井数、开井数、计划关井数）。

3　操作步骤

3.1　将收集的注水井油藏工程数据代入公式（3 – 17）计算年（季、月）注水井利用率。

$$年（季、月）注水井利用率 = \frac{开井生产井数}{总井数 - 计划关井数} \times 100\% \qquad (3 - 17)$$

3.2　根据计算公式使用计算器计算注水井利用率。

3.3　校验计算结果。

4　操作要点

4.1　收集井数指标时，一定要检验数据的合理性，计划关井的井数以油田上级业务部门批准的井数为准。

4.2　总井数是指采油生产单位在册的注水井，包括地质关井和计划关井。

4.3　注水井开井数是指当月内连续注水 24h 以上，并有一定注水量的水井；周期注水等有间注制度的水井也算开井数。

4.4　计算结果保留一位小数。

项目二　注水井分注率计算

1　项目简介

分层注水的实质是为了缓解层间矛盾，提高水驱动用程度，在注水井中下入封隔器，分隔各油层，加强对中、低渗透油层的注入量，而对高渗透层的注入量进行控制，防止注入水突进现象。注水井分注率是反映一个油田注水开发管理的重要指标。

2　操作前准备

2.1　穿戴好劳动保护用品。

2.2　准备工用具：钢笔、计算器、白纸等。

2.3　从采油区资料室收集注水井分注情况开发数据(分注井数、总井数)。

3　操作步骤

3.1　将收集的注水开发数据代入公式(3 - 18)计算年(季)注水井分注率。

$$年(季)注水井分注率 = \frac{年(季)分注井总井数}{年(季)注水井总井数} \times 100\% \qquad (3 - 18)$$

3.2　根据计算公式使用计算器计算注水井分注率。

3.3　校验计算结果。

4　操作要点

4.1　收集井数指标时，一定要检验数据的合理性，以油田上级部门下发的开关井数为准。

4.2　分注井总井数是指分层注水井的总井数。

4.3　注水井总井数是指采油生产单位在册的注水井，包括地质关井和计划关井。

4.4　计算结果保留一位小数点。

项目三　注水井分层注水测试率计算

1　项目简介

油田注水开发过程中，定期测试注水井注入水是否按分注要求合理的注入了油层是检验分注效果的有效手段；通过定期计算实际分层测试井数占应分层测试井数的比值，可以直观的检查出分层注水井按分层注水测试要求测试的及时率。

2　操作前准备

2.1　穿戴好劳动保护用品。

2.2　准备工用具：钢笔、计算器、白纸等。

2.3　从采油区资料室或测试队收集油田注水井开发数据(分层测试情况统计表)。

3　操作步骤

3.1　将收集的注水井分层注水测试数据代入公式(3 - 19)计算年(季)分层注水测试率。

$$年(季)分层注水测试率 = \frac{年(季)实际分层测试井数}{年(季)分注井总井数 - 计划关井数} \times 100\% \qquad (3 - 19)$$

3.2　根据计算公式使用计算器计算注水井分层注水测试率。

3.3　校验计算结果。

4　操作要点

4.1　实际分层测试井数是指分注井测试后取得的合格资料井数。

4.2 收集井数指标时，一定要检验数据的合理性，以油田上级部门下发的开关井数为准。

4.3 影响分层测试合格率一般有水质、井下管柱工作状况、地质因素等几项因素，应根据实际情况进行处理。

4.4 计算结果保留一位小数。

项目四 注水井分层注水合格率计算

1 项目简介

要实现油田的持续稳产，必须要提高分层注水的效果，切实做到"注够水、注好水"。分注合格率的高低直接影响分层注水效果，可通过计算注水合格层段数占在用分注井分层总层段数的比值来反映分层注水层段的合格情况。

2 操作前准备

2.1 穿戴好劳动保护用品。

2.2 准备工用具：钢笔、计算器、白纸等。

2.3 从采油区资料室收集油田注水井分注层段注水数据[开发年(季、月)注水报表]。

3 操作步骤

3.1 整理数据，根据开发注水报表整理出分注井注水合格层段、分层注水总层段和计划停注层段数。

3.2 将收集数据代入公式(3-20)计算年(季、月)分层注水合格率。

$$年(季、月)分层注水合格率 = \frac{年(季、月)注水合格层段数}{年(季、月)分注井总层段数 - 计划停注层段数} \times 100\%$$

$$(3-20)$$

3.2 根据计算公式使用计算器计算注水井分注层段合格率。

3.3 校验计算结果。

4 操作要点

4.1 注水总段数和计划停注层段数以地质部门下发的地质配注为主。

4.2 影响分层注水合格率的主要原因有地层的影响、井下管柱故障、水嘴刺大、水嘴堵塞等，根据分层测试不合格的具体原因对水井实施治理，保证分层注水合格率。

4.3 计算结果保留一位小数。

项目五 注水井定点测压率计算

1 项目简介

在油田开发过程中，越来越需要定期定点测取水井地层压力，给油藏分析提供关键数据，以指导油田开发。通过计算注水井定点实测压井数与需要定点测压总井数的比值来计算油田定点测压率。

2 操作前准备

2.1 穿戴好劳动保护用品。

2.2 准备工用具：钢笔、计算器、白纸等。

2.3 从采油区资料室收集油田注水井测试参数（注水井实际定点测压井数、计划定点测压井数）。

3 操作步骤

3.1 将收集数据代入公式(3-21)计算年(半年)定点井测压率。

$$年(半年)定点井测压率 = \frac{年(半年)实测压井数}{年(半年)定点测压井总数} \times 100\% \qquad (3-21)$$

3.2 根据计算公式使用计算器计算注水井定点测压率。

3.3 校验计算结果。

4 操作要点

4.1 实际生产中，一般定点测压井总井数为实际开井数，定点测压周期一般为半年到一年。

4.2 计算结果保留一位小数点。

模块四　电泵井管理指标计算

项目一　电泵井利用率计算

1　项目简介

电泵井利用率是电泵井开井数与在用井数的比值，反映了电泵井的开井现状。

2　操作前准备

2.1　穿戴好劳动保护用品。

2.2　准备工用具：钢笔、计算器、白纸等。

2.3　从采油区资料室收集电泵井生产数据（总井数、开井数、计划关井数）。

3　操作步骤

3.1　将收集数据代入公式（3 – 22）计算年（季、月）电泵井利用率。

$$年（季、月）电泵井利用率 = \frac{开井生产井数}{总井数 - 计划关井数} \times 100\% \qquad (3-22)$$

3.2　根据计算公式使用计算器计算电泵井利用率。

3.3　校验计算结果。

4　操作要点

4.1　收集井数数据时，一定要检验数据的合理性，计划关井的井数以油田上级业务部门批准的井数为准。

4.2　总井数是指采油生产单位的电泵井总井数。

4.3　生产井开井数是指当月内连续生产 24h 以上，并有一定产量的电泵井。

4.4　计算结果保留一位小数。

项目二　电泵井定点测压率计算

1　项目简介

电泵井生产过程中需要定期定点测取地层压力，给油藏分析提供关键数据，以指导油田开发。通过计算电泵井定点实测压井数与需要定点测压总井数的比值来计算油田定点测压率。

2　操作前准备

2.1　穿戴好劳动保护用品。

2.2 准备工用具：钢笔、计算器、白纸等。

2.3 从采油区资料室收集油田电泵井测试参数(电泵井实际定点测压井数、计划定点测压井数)。

3 操作步骤

3.1 将收集数据代入公式(3-23)计算年(半年)定点井测压率。

$$年(半年)定点井测压率 = \frac{年(半年)实测压井数}{计划年(半年)定点测压井总数} \times 100\% \qquad (3-23)$$

3.2 根据计算公式使用计算器计算电泵井定点测压率。

3.3 校验计算结果。

4 操作要点

4.1 实际生产中，一般定点测压井总井数为实际开井数，定点测压周期一般为半年至一年。

4.2 计算结果保留一位小数。

项目三 电泵井系统效率计算

1 项目简介

电泵井系统效率的高低直接关系到耗电量的多少，影响电泵抽油的经济效益，因此在电泵井生产过程中必须要时常测算系统效率，掌握电泵井的工况，以便及时调整生产参数减少能耗。

2 操作前准备

2.1 穿戴好劳动保护用品。

2.2 准备工用具：钢笔、计算器、白纸等。

2.3 从采油区资料室收集电泵井的生产数据(日产液量、泵深、日耗电量)。

3 操作步骤

3.1 计算电泵井实际举升高度：

$$电泵井实际举升高度 = \frac{动液面深度 + (油压 - 套压)}{混合液重度} \qquad (3-24)$$

3.2 将收集和计算数据代入公式(3-25)：

$$电泵井系统效率 = \frac{日产液 \times 实际举升高度}{日耗电} \times 100\% \qquad (3-25)$$

3.3 根据计算公式使用计算器计算电泵系统效率。

3.4 校验计算结果。

4 操作要点

4.1 计算时单位要保持一致。

4.2　计算结果保留一位小数。

项目四　电泵井平均检泵周期计算

1　项目简介

电泵井平均检泵周期是描述一口电泵油井正常生产周期长短的一项重要指标，它反映了电泵井的生产状况和经济效益的好坏，可通过计算电泵井的平均检泵周期来评价电泵井管理水平的高低。

2　操作前准备

2.1　穿戴好劳动保护用品。

2.2　准备工用具：钢笔、计算器、白纸等。

2.3　从采油区资料室收集电泵井的生产数据(每口单井的本次和上次检泵日期)。

3　操作步骤

3.1　将收集数据代入公式(3 - 26)计算检泵周期。

3.1.1　单井检泵周期指潜油电泵井最近两次检泵作业之间的实际生产天数。

3.1.2　计算平均检泵周期：

$$电泵井平均检泵周期 = \frac{统计电泵井检泵周期之和}{统计井数之和} \qquad (3 - 26)$$

一般采用平均有效检泵周期，平均有效检泵周期 = 电泵装置投产之日至本次电泵装置失效之日的间隔天数之和/统计井数之和。

3.2　根据计算公式使用计算器计算电泵井平均检泵周期。

3.3　校验计算结果。

4　操作要点

4.1　本年新投井如果单井检泵周期小于电泵井平均检泵周期可不纳入计算。

4.2　两次检泵作业中间如果有措施作业，统计两次检泵中间天数时需将措施作业占产时间扣除。

4.3　在统计过程中如果措施作业为随检泵措施，则本次措施按检泵作业计算。

4.4　计算结果为整数。

模块五　生产任务管理指标计算

项目一　原油配产完成率计算

1　项目简介

原油配产计划是结合各油田或区块上一阶段生产状况、本年新投、措施投入和合理的自然递减后由上级地质部门统一下发的阶段计划需完成的油(气)产量任务。原油配产完成率是实际产油(气)量与计划油(气)产量的比值，反映了一个油田的阶段开发水平。

2　操作前准备

2.1　穿戴好劳动保护用品。

2.2　准备工用具：钢笔、计算器、白纸等。

2.3　从地质研究所或采油区资料室收集油田、区块的阶段油气产量、配产计划等数据。

3　操作步骤

3.1　将收集数据代入公式(3－27)计算年(季、月)完成原油(天然气)计划。

$$年(季、月)完成原油(天然气)计划 = \frac{实际产油(气)量}{计划产油(气)量} \times 100\% \qquad (3-27)$$

3.2　根据计算公式使用计算器计算原油配产完成率。

3.3　校验计算结果。

4　操作要点

4.1　收集数据时，配产计划以上级地质部门的配产计划为准。

4.2　计算结果保留一位小数。

项目二　配注完成率计算

1　项目简介

水井配注计划是注水开发油田根据注采开发现状由地质部门统一下发的需要完成的地质配注量，配注完成率是实际注水量与计划注水量的比值。

2　操作前准备

2.1　穿戴好劳动保护用品。

2.2　准备工用具：钢笔、计算器、白纸等。

2.3　从地质研究所或采油区资料室收集油田、区块的阶段注水量、配注计划等数据。

3　操作步骤

3.1　将收集数据代入公式(3 - 28)计算配注完成率。

$$配注完成率 = \frac{实际注水量}{配注计划水量} \times 100\% \qquad (3 - 28)$$

3.2　根据计算公式使用计算器计算配注完成率。

3.3　校验计算结果。

4　操作要点

4.1　收集数据时,配注计划以地质部门的配注计划为准。

4.2　影响配注完成率的主要因素为:系统压力、地层、管柱、地面管网等,应根据结果查找影响配注完成率的主要原因,并进行调整。

4.3　计算结果保留一位小数。

单元四　计算油田开发指标

在油田开发过程中，根据实际生产资料统计出的一系列说明油田开发情况的数据称为开发指标。油田开发指标是评价、衡量油田开发效果是否科学合理的重要依据与参数。

模块一　采油指标计算

项目一　采油速度计算

1　项目简介

采油速度是衡量油田开发速度的一个重要指标，指年产油量与动用石油地质储量的比值，用百分数表示。如按实际年产油量计算，则称实际采油速度。如按折算年产油量计算，则称折算采油速度。

2　操作前准备

2.1　穿戴好劳动保护用品。

2.2　准备工用具：记录纸、计算器、笔。

2.3　从采油区资料室或地质研究所收集计算指标所需的相关数据资料，包括油田或区块的石油地质储量、月采油量、年采油量等。

3　操作步骤

3.1　计算折算年采油速度，计算结果保留两位小数。

3.1.1　计算当月日产油水平：

$$当月日产油水平 = \frac{月产油量}{当月日历天数} \tag{4-1}$$

3.1.2　将计算的日产油水平数据代入公式(4-2)：

$$折算年采油速度 = \frac{当月日产油水平 \times 365}{石油地质储量} \times 100\% \tag{4-2}$$

3.2　计算实际年采油速度，将收集的年采油数据代入公式(4-3)，计算结果保留两位小数。

$$采油速度 = \frac{年采油量}{石油地质储量} \times 100\% \qquad (4-3)$$

4　操作要点

4.1　收集数据时，年产油量与石油地质储量单位要一致，一般以 10^4t 为单位。

4.2　折算采油速度是用于计算某月的采油速度，是衡量当月油田开发速度快慢的指标。在计算折算采油速度时，用日产油计算年产油，要把单位换算成 10^4t。

4.3　采油速度计算后，与井组或区块近年指标进行对比，若是相差过大，需查找原因，再次计算，确保数据的准确性。

项目二　年采液速度计算

1　项目简介

年采液速度是年产液量与石油地质储量比值的百分数，表示当年油田的采液速度快慢。

2　操作前准备

2.1　穿戴好劳动保护用品。

2.2　准备工用具：记录纸、计算器、笔。

2.3　自采油区资料室或地质研究所收集计算指标所需的相关数据资料，包括年采液量、石油地质储量数据。

3　操作步骤

计算年采液速度，将收集数据代入公式(4-4)，计算结果保留两位小数。

$$年采液速度 = \frac{年采液量}{石油地质储量} \times 100\% \qquad (4-4)$$

4　操作要点

4.1　收集数据时，各项数据单位要一致。

4.2　年采液速度计算后，与近年指标进行对比，若是相差过大，需查找原因，并再次计算，确保数据的准确性。

项目三　采出程度计算

1　项目简介

采出程度指累积产油量与动用石油地质储量的比值，单位是%。它反映油田石油地质储量的采出情况。

2 操作前准备

2.1 穿戴好劳动保护用品。

2.2 准备工用具：记录纸、计算器、笔。

2.3 自采油区资料室或地质研究所收集计算指标所需的相关数据资料，包括油田或区块的石油地质储量、累计采油量等。

3 操作步骤

3.1 计算某阶段采出程度，将收集的阶段累计采油量数据代入公式(4-5)，计算结果保留两位小数。

$$采油程度 = \frac{累计采油量}{石油地质储量} \times 100\% \qquad (4-5)$$

3.2 计算目前采出程度，计算方法与计算阶段采出程度方法一样。

4 操作要点

4.1 收集数据，累计产油量与石油地质储量单位一致，一般以 $10^4 t$ 为单位。

4.2 计算数据时要确认是计算阶段采出程度还是目前采出程度。

4.3 采出程度计算后，与井组或区块近年指标进行对比，若是相差过大，需查找原因，并再次计算，确保数据的准确性。

项目四 油田产量递减率计算

1 项目简介

产量递减率是指单位时间内产量变化率或单位时间内产量递减的百分数。递减率的大小反映了油田稳产形势的好坏，递减率越小，说明稳产形势越好。产量递减率分老井产量自然递减率和老井产量综合递减率。

2 操作前准备

2.1 穿戴好劳动保护用品。

2.2 准备工用具：记录纸、计算器、笔。

2.3 从采油区资料室或地质研究所收集计算指标所需的相关数据资料，包括油田或区块的上年末标定日产油水平、老井当年 $1-n$ 月的累积措施增油量、当年 $1-n$ 月的新井年产油量、当年 $1-n$ 月的累积产油量等数据。

3 操作步骤

3.1 计算老井产油量综合递减率，反映油田老井采取增产措施情况下的产量递减速度，用百分数表示，参数符号为 $D_{综}$，将收集数据代入公式(4-6)：

$$D_{综} = \frac{A \times T - (B - C)}{A \times T} \times 100\% \qquad (4-6)$$

或者公式(4-7)：

$$D_{综} = (1 - \frac{B-C}{A \times T}) \times 100\% \qquad (4-7)$$

式中 $D_{综}$——综合递减率,%；

A——上年末(12月)标定日产油水平,t；

T——当年1-n月的日历天数,d；

B——当年1-n月的累积产油量,计算年递减率时,用年产油量,t；

C——当年新井1-n月的累积产量,计算年递减率时,用新井年产油量,t。

3.2 计算老井产油量自然递减率,反映油田老井在未采取增产措施情况下的产量递减速度,用百分数表示,参数符号为$D_{自}$。将收集数据代入公式(4-8)：

$$D_{自} = \frac{A \times T - (B-C-D)}{A \times T} \times 100\% \qquad (4-8)$$

或者公式(4-9)：

$$D_{自} = (1 - \frac{B-C-D}{A \times T}) \times 100\% \qquad (4-9)$$

式中 $D_{自}$——自然递减率,%；

D——老井当年1-n月的累积措施增油量,计算年递减率时,用老井年措施增产油量；

其他符号的解释同综合递减率,计算结果保留两位小数。

4 操作要点

4.1 收集数据时,各项数据单位要一致。

4.2 油田产量递减率计算后,与井组或区块近年指标进行对比,若是相差过大,需查找原因,并再次计算,确保数据的准确性。

模块二　含水指标计算

项目一　含水率计算

1　项目简介

含水率是表示油田油井含水多少的指标，在一定程度上反映油层水淹的程度，分取样含水与综合含水。在实际工作中又分为单井含水率、油田(或区块)综合含水率和见水井平均含水率。取样含水指计算的单井含水率，是油井或站、库取样化验得出的含水值。综合含水是一段时间内的平均含水。由于有多个平均含水数值，在油田开发中通常所说的含水，一般指综合含水。

2　操作前准备

2.1　穿戴好劳动保护用品。

2.2　准备工用具：记录纸、计算器、笔。

2.3　从采油区资料室或地质研究所收集计算含水率需要的单井油样中水的质量与油样的质量和单井的日产液量数据。

3　操作步骤

3.1　将单井油样中水的质量与油样的质量代入公式(4-10)计算单井含水率：

$$单井含水率 = \frac{油样中水的质量}{油样的质量} \times 100\% \qquad (4-10)$$

计算结果保留两位小数，单位为%；质量单位为g。

3.2　将单井日产液量与计算的单井含水率代入公式(4-11)计算单井日产水量：

$$日产水量 = 单井日产液量 \times 单井含水率 \qquad (4-11)$$

计算结果保留一位小数，单位为t。

3.3　将收集的参与计算数据代入公式(4-12)计算综合含水率：

$$综合含水率 = \frac{各含水油井产水量之和}{所有井产液量总和} \times 100\% \qquad (4-12)$$

计算结果保留两位小数，单位为%。

3.4　将收集的参与计算数据代入公式(4-13)计算见水井平均含水率：

$$见水井平均含水率 = \frac{各含水油井产水量之和}{含水油井产液量总和} \times 100\% \qquad (4-13)$$

计算结果保留两位小数，单位为%。

4　操作要点

4.1　收集数据时,见水井指含水不为 0 的油井。

4.2　含水率计算后,与井组或区块近期数据进行对比,若是相差过大,需查找原因,并再次计算,确保数据的准确性。

项目二　含水上升速度计算

1　项目简介

含水上升速度是指阶段时间内,含水上升的数值多少。含水上升速度是评价油井或油田注水开发效果好坏的重要指标。

2　操作前准备

2.1　穿戴好劳动保护用品。

2.2　准备工用具:记录纸、计算器、笔。

2.3　从采油区资料室或地质研究所收集计算指标所需的单井、井组或区块的当月含水率、上月含水率、当年 12 月份和上年 12 月份的综合含水率等数据。

3　操作步骤

3.1　将收集的当月含水率、上月含水率数据代入公式(4 – 14)计算月含水上升速度:

$$某月含水上升速度 = 当月含水率 - 上月含水率 \tag{4 – 14}$$

计算结果保留一位小数,单位为%。

3.2　将收集的当年 12 月份含水率、上年 12 月份含水率数据代入公式(4 – 15)计算年含水上升速度:

$$年平均含水上升速度 = \frac{当年\ 12\ 月份含水率 - 上年\ 12\ 月份含水率}{12} \tag{4 – 15}$$

计算结果保留一位小数,单位为%。

4　操作要点

4.1　收集数据时,数据单位要一致。

4.2　指标计算后,与单井、井组或区块近期数据进行对比,若是相差过大,需查找原因,并再次计算,并确保数据的准确性。

项目三　含水上升率计算

1　项目简介

含水上升率是指每采出 1% 的石油地质储量含水上升的百分数。含水上升率是评价水驱油田开发特征的重要指标。含水上升率低,说明油藏水驱效果好,每采出1%的石油地质储量含水率上升不大;反之,若含水上升率高,则说明油藏水驱效果差,是油田开发、调整决策的重要依据。

2 操作前准备

2.1 穿戴好劳动保护用品。

2.2 准备工用具:记录纸、计算器、笔。

2.3 从采油区资料室或地质研究所收集需计算指标的单井、井组或区块阶段末与阶段初含水率、阶段末与阶段初采出程度。

3 操作步骤

将收集的各项数据代入公式(4-16)计算含水上升率,计算结果保留一位小数。

$$x = \frac{f_2 - f_1}{R_2 - R_1} \times 100\% \qquad (4-16)$$

式中 x——含水上升率,%;

  f_2、f_1——阶段初和阶段末的含水率,%;

  R_1、R_2——阶段初和阶段末的采出程度,%。

4 操作要点

4.1 收集数据时,数据单位要一致。

4.2 含水上升率习惯上用百分数表示,因此,公式中当含水(f)与采出程度(R)都用百分数时,计算得出的含水上升率数值需乘以100%(即带上%)。

4.3 水驱油藏在低含水或高含水生产时,其含水变化缓慢,含水上升率一般不高于2%;但在中含水阶段(25%~75%左右),含水上升较快,含水上升率一般在4%~5%左右。

4.4 指标计算后,与单井、井组或区块近期数据进行对比,若是相差过大,需查找原因,并再次计算,确保数据的准确性。

模块三　注水指标计算

项目一　注采比计算

1　项目简介

注采比是指油田注入剂（水、气）地下体积与采出量（油、气、水）的地下体积之比。注采比是油田生产情况的一项重要指标，可以衡量地下能量补充程度及地下亏空弥补程度，与油井的油层压力变化、液面、含水上升速度等其他指标有密切联系，控制合理的注采比是油田开发的重要工作。

2　操作前准备

2.1　穿戴好劳动保护用品。

2.2　准备工用具：记录纸、计算器、笔。

2.3　从采油区资料室或地质研究所收集需计算注采比的井组、油藏的累计注水量、累计采油量、注水井溢流量、累计产水量、原油相对密度、原油体积系数数据。

3　操作步骤

将所收集整理的注水量、注水溢流量、采油量、体积系数、相对密度、油井产水量数据代入公式(4 – 17)计算注采比，计算结果保留两位小数。

$$注采比 = \frac{注水量 - 注水井溢流量}{采油量 \times 体积系数/相对密度 + 油井产水量} \qquad (4 – 17)$$

4　操作要点

4.1　收集数据时，注意使用单位一致。

4.2　计算注采比时，如果注入的是水，由于水的压缩性很小，其地面体积与地下体积相差无几，因此可以直接用地面体积进行计算；如果注入的是其他压缩系数较大的物质（如各种气体等）时必须折算为地下体积。采出的油与天然气则必须折算为地下体积，因为它们的压缩系数都很大。

4.3　注采比有阶段注采比（月、季、年等）与累积注采比之分，前者描述该阶段注入采出的强度，显示该阶段注采平衡情况，是油田动态分析和阶段开发研究的重要指标；后者则显示该油藏累积的注入采出情况，显示油藏总体的亏空情况，是注水开发油田进行动态分析和开发研究不可或缺的指标。

4.4　如果注采比在 1.0 左右，则注入与采出的地下体积基本平衡；如果注采比高于 1.0 较多（如 1.1 ~ 1.3 或更高），则注入高于采出较多，油藏压力将逐渐回升；如果注采比小于1.0较多(如0.9以下),则油藏亏空,油藏压力将逐渐下降。

4.5 注采比计算后,与井组或区块近期数据进行对比,若是相差过大,需查找原因,再次计算,确保数据的准确性。

项目二 累积亏空体积计算

1 项目简介

累积亏空体积是指累积注入量所占地下体积与采出物(油、气、水)所占地下体积之差。累积亏空体积常与注采比一起使用,亏空会造成地层压力下降,亏空越多地层压力下降越快,是评价油藏开发的重要指标。

2 操作前准备

2.1 穿戴好劳动保护用品。

2.2 准备工用具:记录纸、计算器、笔。

2.3 从采油区资料室或地质研究所收集计算累积亏空体积指标所需的井组、油藏的累计注水量、累计采油量、注水井溢流量、累计产水量、原油相对密度、原油体积系数等数据。

3 操作步骤

将收集整理好的数据代入公式(4−18)计算累积亏空体积:

$$累积亏空体积 = 累积注入体积 - (\frac{累积产油量 \times 原油体积系数}{原油相对密度} + 累积产出水体积)$$

$$(4-18)$$

4 操作要点

4.1 收集数据时,注意使用单位一致,单位均为$10^4 m^3$。

4.2 计算后,与井组或区块近期数据进行对比,若是相差过大,需查找原因,并再次计算,确保数据的准确性。

项目三 水油比计算

1 项目简介

水油比是指日产水量与日产油量之比。通过水油比可以直观地判断油井出水情况。

2 操作前准备

2.1 穿戴好劳动保护用品。

2.2 准备工用具:记录纸、计算器、笔。

2.3 从采油区资料室或地质研究所收集计算水油比指标所需的井组、油藏的日产水量、日产油量数据。

3　操作步骤

将所收集的数据代入公式(4 - 19)计算水油比：

$$水油比 = \frac{日产水量}{日产油量} \tag{4 - 19}$$

计算结果保留一位小数，单位为无因次量。

当水油比达到49时，称为极限水油比，这意味着油田失去实际开采价值。

4　操作要点

4.1　收集数据时，注意使用单位一致。

4.2　计算后，与井组或区块近期数据进行对比，若是相差过大，需查找原因，并再次计算，确保数据的准确性。

模块四　油田压力指标计算

项目一　总压差计算

1　项目简介

总压差是指原始地层压力与目前地层压力的差值，它反映地层压力的保持水平。原始地层压力是指油田还没有投入生产开发前，在探井中所测得的油层中部压力，通常用第一口井或第一批探井测得的油层压力值近似代表原始地层压力。目前地层压力是指随着流体的不断采出、能量逐渐消耗，地层压力下降，油层开采到某一阶段的地层压力称为该时刻的目前地层压力。

2　操作前准备

2.1　穿戴好劳动保护用品。

2.2　准备工用具：记录纸、计算器、笔。

2.3　从采油区资料室或地质研究所收集计算总压差所需的原始地层压力和目前地层压力数据。

3　操作步骤

将所收集的原始地层压力、目前地层压力数据代入公式(4-20)计算总压差。

$$总压差 = 原始地层压力 - 目前地层压力 \qquad (4-20)$$

计算结果保留两位小数，单位为 MPa。

4　操作要点

4.1　收集数据时，注意使用单位一致。

4.2　注水开发的油田，通过注入水保持地层压力，当总压差是正值时，注入量小于采出量，产生地下亏空，使目前地层压力低于原始地层压力；当总压差是负值时，注入量大于采出量，使目前地层压力超过原始地层压力。

4.3　总压差计算后，与井组或区块近期数据以及开采现状进行对比分析，若是相差过大，需查找原因，再次计算，确保数据的准确性。

项目二　生产压差计算

1　项目简介

目前地层压力与油井生产时所测得的流动压力的差值称为生产压差，也叫采油压差，一般生产压差越大，产量越高。当生产压差大到一定程度，流动压力低于饱和压力时，井底、油层发生脱气，气油比上升，油井产量增加很少或不再增加，对油藏的合理开发不利。因此，油井不能无限制放大生产压差，必须根据采油速度和生产能力制定合理的生产压差。

2 操作前准备

2.1 穿戴好劳动保护用品。

2.2 准备工用具：记录纸、计算器、笔。

2.3 从采油区资料室或地质研究所收集计算生产压差所需的套压、动液面、目前地层压力等数据。

3 操作步骤

3.1 将所收集的套压、动液面等数据代入公式（4-21）计算流压。

$$流压 = 套压 + \frac{(油层中深 - 动液面) \times 油水混合液密度 \times 重力加速度}{1000} \qquad (4-21)$$

其中，油水混合液密度 = 原油密度 + (1 - 原油密度) × 混合液含水。

3.2 将目前地层压力、流压代入公式（4-22）计算生产压差。

$$生产压差 = 目前地层压力 - 流压 \qquad (4-22)$$

计算结果保留两位小数，单位为 MPa。

4 操作要点

4.1 收集数据时，注意使用单位一致。

4.2 油井合理压差确定原则为，地层压力大于饱和压力，近井区域脱气不明显；地层平均压力水平较高，储集层不发生不可逆塑性形变；合理生产压差低于临界生产压差，油井产量稳定，可实现一定的采油速度。

4.3 生产压差计算后，与井组或区块近期数据以及生产现状进行对比分析，若是相差过大，需查找原因，并再次计算，确保数据的准确性。

项目三 地饱压差计算

1 项目简介

地饱压差是目前地层压力与饱和压力的差值，是表示原油是否在地层中脱气的指标。如果油藏在地层压力低于饱和压力的条件下生产，油层中的原油就会脱气，致使原油黏度增高，降低采收率。因此，在静压低于饱和压力的情况下采油是不合理的，一旦出现这种情况，必须采取措施调整注采比，恢复地层压力。

2 操作前准备

2.1 穿戴好劳动保护用品。

2.2 准备工用具：记录纸、计算器、笔。

2.3 自采油区资料室或地质研究所收集计算地饱压差所需的目前地层压力和饱和压力数据。

3 操作步骤

将所收集的数据代入公式(4-23)计算地饱压差。

$$\text{地饱压差} = \text{目前地层压力} - \text{饱和压力} \qquad (4-23)$$

计算结果保留两位小数，单位为 MPa。

4 操作要点

4.1 收集数据时，注意使用单位一致。

4.2 地饱压差计算后，与井组或区块近期数据进行对比，若是相差过大，需查找原因，并再次计算，确保数据的准确性。

项目四 流饱压差计算

1 项目简介

流饱压差是指流动压力与饱和压力的差值，表示原油是否在井底脱气的指标。当流压高于饱和压力时，原油中的溶解气不能在井底分离，反之原油中的溶解气会在井底过早分离，使原油黏度增高，流动阻力增大，影响产量，因此需要确定合理的流饱压差。

2 操作前准备

2.1 穿戴好劳动保护用品。

2.2 准备工用具：记录纸、计算器、笔。

2.3 从采油区资料室或地质研究所收集计算流饱压差所需的流动压力和饱和压力数据。

3 操作步骤

将所收集的数据代入公式(4-24)计算流饱压差。

$$\text{流饱压差} = \text{流动压力} - \text{饱和压力} \qquad (4-24)$$

计算结果保留两位小数，单位为 MPa。

4 操作要点

4.1 收集数据时，注意使用单位一致。

4.2 流饱压差计算后，与井组或区块近期数据进行对比，若是相差过大，需查找原因，并再次计算，确保数据的准确性。

项目五 注水压差计算

1 项目简介

注水压差是指注水井注水时的井底压力与地层压力的差值，是控制注水井注水量的重要因素，要根据生产需要不断进行调整。

2　操作前准备

2.1　穿戴好劳动保护用品。

2.2　准备工用具：记录纸、计算器、笔。

2.3　从采油区资料室或地质研究所收集计算注水压差所需的井底流动压力和目前地层压力数据。

3　操作步骤

将所收集的数据代入公式(4 – 25)计算注水压差。

$$注水压差 = 井底流动压力 - 目前地层压力 \qquad (4 - 25)$$

计算结果保留两位小数，单位为 MPa。

4　操作要点

4.1　收集数据时，注意使用单位一致。

4.2　注水压差数值的大小跟注水层位的储层物性有关。

4.3　注水压差计算后，与井组或区块近期数据进行对比，若是相差过大，需查找原因，并再次计算，确保数据的准确性。

模块五　其他指标计算

项目一　综合生产气油比计算

1　项目简介

综合生产气油比是指每采出 1t 原油伴随产出的天然气量，参数符号为 GOR，单位为 m^3/t。

2　操作前准备

2.1　穿戴好劳动保护用品。

2.2　准备工用具：记录纸、计算器、笔。

2.3　从采油区资料室收集需要计算综合生产气油比的月产气量和月产油量数据。

3　操作步骤

将所收集的数据代入公式（4 – 26）计算综合生产气油比。

$$综合生产气油比 = \frac{月产气量}{月产油量} \tag{4 – 26}$$

计算结果取整数，单位为无因次量。

4　操作要点

4.1　收集数据时，注意使用单位与定义单位一致。产油量单位为 t，气量单位为 m^3。

4.2　在油田上，通常把油井产气量和产油量的比值称为油气比，它表示每采出 1t 原油要伴随采出多少立方米天然气。

4.3　当地下油层的压力降低到一定数值时，原油中的天然气就会大量脱出，油气比增高。这时，地下原油由于天然气的脱出，黏度就会增大，流动阻力也就增加，对开发造成不利影响，甚至使油层里留下的原油成为"死油"而采不出来，降低了采收率。在这种情况下，为了保证油井长期稳产、高产，就必须适当控制油气比，减少能量的消耗，同时还要加强注水，以水驱油，不断补充油层的能量。

4.4　综合生产气油比计算后，与井组或区块近期数据进行对比，若是相差过大，需查找原因，并再次计算，确保数据的准确性。

项目二　吸水指数计算

1　项目简介

吸水指数是指单位注水压差下的日注水量，表示地层吸水能力的好坏，通常通过测试指示曲线求取在不同压力下的注水量，进行吸水指数的计算。

2 操作前准备

2.1 穿戴好劳动保护用品。

2.2 准备工用具：记录纸、计算器、笔。

2.3 从采油区资料室收集需计算吸水指数的日注水量、注水井流压和注水井静压数据。

3 操作步骤

将所收集的数据代入公式(4-27)计算吸水指数，计算结果保留一位小数。

$$I_W = \frac{Q_{iw}}{p_w - \overline{p}} \qquad (4-27)$$

在没有流、静压资料时，可用测吸水指示曲线的方法求得，如式(4-28)所示。

$$I_W = \frac{\Delta Q_W}{\Delta p_w} \qquad (4-28)$$

或，如式(4-29)所示：

$$I'_W = \frac{Q_{iw}}{P_{iwh}} \qquad (4-29)$$

式中 I_W——吸水指数，$m^3/(d \cdot MPa)$；

I'_W——视吸水指数，$m^3/(d \cdot MPa)$；

Q_{iw}——日注水量，m^3/d；

p_w——井底压力，MPa；

P_{iwh}——注水井井口压力，MPa；

ΔQ_W——两种工作制度下日注量之差，m^3/d；

Δp_w——两种工作制度下井底压力之差，MPa。

4 操作要点

4.1 收集数据时，注意使用单位一致。

4.2 吸水指数计算后，与注水井近期测试数据进行对比，若是相差过大，需查找原因，并再次计算，确保数据的准确性。

项目三 采油指数计算

1 项目简介

采油指数是表示单位压差下的日产油量，单位是 $t/(d \cdot MPa)$。采油指数是地面产油量与生产压差之比，是反映油层性质、流体参数、厚度、完井条件及泄油面积等与产量之间关系的综合指标。

2　操作前准备

2.1　穿戴好劳动保护用品。

2.2　准备工用具：记录纸、计算器、笔。

2.3　从采油区资料室或地质研究所收集计算采油指数所需的日产油量、静压和流压数据。

3　操作步骤

将所收集的数据代入公式(4-30)计算采油指数(计算结果保留两位小数)：

$$采油指数 = \frac{日产油量}{静压 - 流压} \qquad (4-30)$$

4　操作要点

4.1　收集数据时，注意使用单位一致。

4.2　采油指数是表示油井产能大小的重要参数，可以通过 IPR 曲线直线段斜率的负导数获得或者通过试井资料图解法获得，其值根据流入动态(IPR)曲线的形状，可以是常数，也可能随流动压力而变化。

4.3　采油指数计算后，与井组或区块近期数据进行对比，若是相差过大，需查找原因，再次计算，确保数据的准确性。

项目四　采液指数计算

1　项目简介

采液指数指生产压差每增加 1MPa 所增加的日产液量，表示产液能力的大小，单位为 t/(MPa·d)。采液指数是表示油井生产能力的指标，而不同含水条件下采液指数的预测是进行产能评价和举升方式选择与论证的主要依据之一。

2　操作前准备

2.1　穿戴好劳动保护用品。

2.2　准备工用具：记录纸、计算器、笔。

2.3　从采油区资料室收集计算采液指数所需的日产液量、静压和流压数据。

3　操作步骤

将所收集的数据代入公式(4-31)计算采液指数，计算结果保留两位小数。

$$采液指数 = \frac{日产液量}{静压 - 流压} \qquad (4-31)$$

4　操作要点

4.1　收集数据时，注意使用单位一致。

4.2　采液指数的大小取决于地层及流体物性,在油水两相流动时与油井含水有关,在井底出现油、气、水三相流动时,它的大小除与含水有关外,还与井底压力有关。

4.3　生产井的产能预测与评价一般采用 IPR 曲线法,但该方法仅适用于单井。根据相对渗透率曲线计算不同含水条件下的采液指数的方法,既可以预测某一小层的供液能力,又可同时预测该层位生产井在不同含水条件下的采液指数。该方法尤其适合新开采区块的产能评价及举升方式选择。

4.4　采液指数计算后,与井组或区块近期数据进行对比,若是相差过大,需查找原因,再次计算,确保数据的准确性。

项目五　采水指数计算

1　项目简介

采水指数指生产压差每增加 1MPa 所增加的日产水量,表示油井产水能力的大小,单位为 $t/(MPa \cdot d)$。

2　操作前准备

2.1　穿戴好劳动保护用品。

2.2　准备工用具:记录纸、计算器、笔。

2.3　自采油区资料室收集计算采水指数所需的日产水量、静压和流压数据。

3　操作步骤

将所收集的数据代入公式(4－32)计算采水指数(计算结果保留两位小数):

$$采水指数 = \frac{日产水量}{静压 - 流压} \tag{4－32}$$

4　操作要点

4.1　收集数据时,注意使用单位一致。

4.2　采水指数计算后,与井组或区块近期数据进行对比,若是相差过大,需查找原因,并再次计算,确保数据的准确性。

项目六　比采油指数计算

1　项目简介

比采油指数指生产压差每增加 1MPa 时,油井每米有效厚度所增加的日产油量,即油井每米有效厚度的日产油能力,单位为 $t/(MPa \cdot d \cdot m)$。

2　操作前准备

2.1　穿戴好劳动保护用品。

2.2 准备工用具：记录纸、计算器、笔。

2.3 从采油区资料室收集计算比采油指数所需的日产油量、有效厚度、静压和流压数据。

3 操作步骤

将所收集的数据代入公式(4-33)计算比采油指数，计算结果保留两位小数。

$$比采油指数 = \frac{日产油量}{(静压-流压) \times 有效厚度} \qquad (4-33)$$

4 操作要点

4.1 收集数据时，注意使用单位一致。

4.2 比采油指数主要取决于油层的流度值。油层渗透率越高，原油的黏度越低，比采油指数越大，油井的产油能力也就越高。

4.3 比采油指数计算后，与井组或区块近期数据进行对比，若是相差过大，需查找原因，并再次计算，确保数据的准确性。

项目七　比采液指数计算

1 项目简介

比采液指数指生产压差每增加1MPa时，油井每米有效厚度所增加的日产液量，即油井每米有效厚度的日产液能力，单位为 t/(MPa·d·m)。

2 操作前准备

2.1 穿戴好劳动保护用品。

2.2 准备工用具：记录纸、计算器、笔。

2.3 从采油区资料室收集计算比采液指数所需的日产液量、有效厚度、静压和流压数据。

3 操作步骤

将所收集的数据代入公式(4-34)计算比采液指数，计算结果保留两位小数。

$$比采液指数 = \frac{日产液量}{(静压-流压) \times 有效厚度} \qquad (4-34)$$

4 操作要点

4.1 收集数据时，注意使用单位一致。

4.2 比采液指数计算后，与井组或区块近期数据进行对比，若是相差过大，需查找原因，并再次计算，确保数据的准确性。

项目八　比采水指数计算

1　项目简介

比采水指数指生产压差每增加 1MPa 时，油井每米有效厚度所增加的日产水量，即油井每米有效厚度的日产水能力，单位为 $m^3/(MPa \cdot d \cdot m)$。

2　操作前准备

2.1　穿戴好劳动保护用品。

2.2　准备工用具：记录纸、计算器、笔。

2.3　从采油区资料室收集计算比采水指数所需的日产水量、有效厚度、静压和流压数据。

3　操作步骤

将所收集的数据代入公式(4-35)计算比采水指数，计算结果保留两位小数。

$$比采水指数 = \frac{日产水量}{(静压 - 流压) \times 有效厚度} \tag{4-35}$$

4　操作要点

4.1　收集数据时，注意使用单位一致。

4.2　比采水指数计算后，与井组或区块近期数据进行对比，若是相差过大，需查找原因，并再次计算，确保数据的准确性。

项目九　采液强度计算

1　项目简介

采液强度指单位有效厚度的日产液量称为采液强度，单位为 $t/(d \cdot m)$。用于评价油田前一阶段规划执行情况、油田开发效果及生产管理情况，分析预测油田生产潜力。

2　操作前准备

2.1　穿戴好劳动保护用品。

2.2　准备工用具：记录纸、计算器、笔。

2.3　从采油区资料室收集计算采液强度所需的日产液量和有效厚度数据。

3　操作步骤

将所收集的数据代入公式(4-36)计算采液强度，并计算结果保留两位小数。

$$采液强度 = \frac{日产液量}{油井油层有效厚度} \tag{4-36}$$

4　操作要点

4.1　收集数据时，注意使用单位一致。

4.2 采液强度计算后，与井组或区块近期数据进行对比，若是相差过大，需查找原因，并再次计算，确保数据的准确性。

项目十　存水率计算

1　项目简介

存水率是指注水开发油田的注入量与采水量之差占注入量的比例。它是反映油田注水利用率的一个指标，也就是注入水存留在地层中的比率，与注采比关系密切。

2　操作前准备

2.1　穿戴好劳动保护用品。

2.2　准备工用具：记录纸、计算器、笔。

2.3　从采油区资料室收集计算存水率所需的累积注水量和累积产水量数据。

3　操作步骤

将所收集的数据代入公式(4-37)计算存水率，计算结果保留两位小数。

$$存水率 = \frac{累积注水量 - 累积产水量}{累积注水量} \tag{4-37}$$

4　操作要点

4.1　收集数据时，注意使用单位一致。

4.2　存水率计算后，与井组或区块近期数据进行对比，若是相差过大，需查找原因，并再次计算，确保数据的准确性。

项目十一　石油地质储量计算(容积法)

1　项目简介

石油地质储量是指在地层原始条件下，具有产油(气)能力的储集层中石油和天然气的总量。计算方法主要有容积法、类比法、物质平衡法、压降法、产量递减法、矿场不稳定试井法、水驱特征曲线法、统计模拟法等。常用的是容积法，容积法计算储量的实质是计算地下岩石孔隙中油气所占体积，并用地面的体积单位或质量单位表示。

2　操作前准备

2.1　穿戴好劳动保护用品。

2.2　准备工用具：记录纸、计算器、笔、求积仪。

2.3　准备操作用图件：计算该油藏(区块)的储量标准构造井位图。

2.4　从采油厂(区)地质研究所(队)收集计算油藏(区块)储量所需的计算参数，即有效孔隙度、原始含油饱和度、地面原油密度和地层原油体积系数。

3　操作步骤

3.1　明确所要计算储量的油藏(区块),按井距之半把所求区块范围标在标准井位图上(图4-1)。图上阴影部分是我们要算储量的面积。

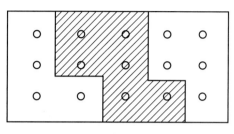

图4-1　标准井位图

3.2　用求积仪量取所圈定油藏(区块)的含油面积,一般每个油藏(区块)都要量取3次以上,取两个最接近数的平均值为所求区块的含油面积取值,并把每次的量取数值及取值情况列表标明(表4-1)。

表4-1　××油田××区块储量面积量取表

次数\区块	一次	二次	三次	取值
单元1				
单元2				
单元3				

3.3　计算油藏(区块)有效厚度,把所圈定区块内的井,按储量单元分油层组、砂岩组(根据需要而定)统计出总厚度,再计算出碾平厚度。若该区块较大、跨越几个储量单元(即纯油区过渡带),因各个单元的孔隙度、饱和度不一样,厚度就要分别统计,面积也要分别量取。

3.4　计算石油地质储量,把所量取的油藏(区块)单元含油面积、计算后的碾平厚度以及收集来的有效孔隙度、原始饱和度、原油密度和体积换算系数,代入容积法储量计算公式求出所算单元的石油地质储量。把每个单元的储量累加起来就是该区块的石油地质储量。

容积法储量计算如公式(4-38)所示。

$$Q_o = \frac{100 \times A_o \times H_o \times \phi \times S_o \times \rho_{oi}}{\beta_{oi}} \qquad (4-38)$$

式中　Q_o——石油地质储量,$10^4 t$;

　　　A_o——含油面积,km^2;

　　　H_o——油层有效厚度,m;

ϕ——储层有效孔隙度，小数；

S_o——原始含油饱和度，%；

ρ_{oi}——地面原油密度，g/cm^3；

β_{oi}——地层原油体积系数，无因次。

其中，有效孔隙度、原始含油饱和度、地面原油密度与地层原油体积系数之比的乘积也称单储系数。计算出来的石油地质储量列成表格反映出来，其储量数据可根据区块大小，取整数或取小数后一位，单位是 10^4t（表4-2）。

表4-2　××油田××区块石油地质储量计算表

项目 分区	面积	平均有效厚度	单储系数	计算地质储量	取值	合计
单元1						
单元2						
单元3						
合计						

制表：　　　　审核：　　　　　　年　月　日

3.5　标注制表人、审核人及日期。

4　操作要点

4.1　收集需要计算的同一油藏（区块）的各项参数数据，确保数据准确。这些参数是专门的研究机构根据油田区块情况，运用大量的岩心、分析资料及实验室资料得来的，可以直接运用。

4.2　收集到的数据，如发现特别异常，请与采油厂（区）地质研究所（队）认真核实，经多方核实仍为该数据，才可以使用。

4.3　求积仪严格按照求积仪使用说明使用，量取的含油面积根据所求区块的大小，其小数点后边可取1~3位。

4.4　有效厚度取小数点后一位；有效孔隙度和原始含油饱和度取小数点后两位；地面原油体积系数取小数点后三位；地面脱气原油密度取小数点后三位。

4.5　容积法计算石油地质储量适用于不同勘探开发阶段，不同圈闭类型、储集类型和驱动方式的油藏。用于大、中型构造油藏的精度较高。

4.6　在油气勘探开发的不同阶段都需要计算石油地质储量，这是油田地质工作的一项重要任务。其大小直接影响油藏开发效果评价的准确性，因此一定要计算准确。计算结果的可靠程度取决于资料的丰富程度及精度。

单元五　曲线及图件绘制

模块一　曲线绘制

项目一　采油井综合曲线绘制

1　项目简介

采油井综合曲线是以时间为横坐标，以采油井各项开采指标为纵坐标画出的油井生产记录曲线，反映油井开采指标随时间的变化过程。掌握绘制采油井综合曲线的基本方法、步骤，了解采油井综合曲线的概念和用途。应用采油井综合曲线分析生产能力、编制配产计划，判断存在问题、检查措施效果。

2　操作前准备

2.1　穿戴好劳动保护用品。

2.2　准备工用具：综合曲线绘制专用图纸(或 500mm×250mm 米格纸)、绘图笔、铅笔、彩色水笔、橡皮、直尺等。

2.3　从采油区资料室收集绘制曲线需要的各项采油数据。

3　操作步骤

3.1　选择合适的左右上下边距(一般为 2~4cm)，以各项生产参数为纵坐标，自上而下依次为生产时间、动液面、油嘴直径(或泵径、冲程、冲次)、泵效、氯根、油气比、油压、套压，日产液量、日产油量、综合含水等，并标好适当的坐标刻度值。

3.2　以日历时间为横坐标，在图纸的下方，建立直角坐标系。

3.3　在图纸的左上侧标明井号，在图纸的左下侧写出投产时间、开采层位、井段、厚度、层数；层位改变后，注明新层位、厚度、层数和更改时间。

3.4　将各指标数据与日历时间相对应的点标在建立的直角坐标系中。将每天的生产时间和液面深度画成一段直线；其他参数各相邻点用直线连接，形成有棱角的折线；上墨着色。

3.5　将采油井的各项措施内容和日期标注在采油井综合曲线上(图5-1)。

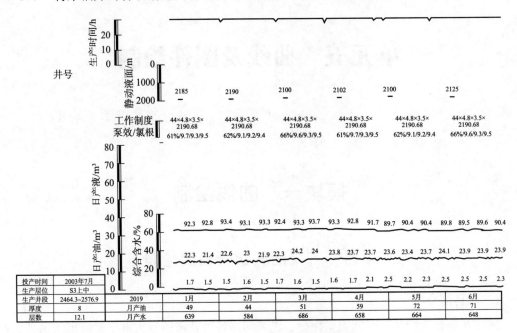

图5-1　×××油井采油综合曲线

4　操作要点

4.1　采油井工作制度、泵效、氯根、油气比可用文字说明。

4.2　一般曲线图的横坐标是时间，即一整年的12个月，每个月间隔3cm距离，以间隔5日(0.5cm)取值，每月逢0、5的值画点。

4.3　纵坐标的设计要合理，各项参数的标值要考虑其上、下波动范围，并能显示波动趋势，但不能相互交叉。

4.4　在地质图件的绘制中，各项颜色选择：深红色(或紫色)代表产液量，火红色代表产油量、绿色代表综合含水、其他可任选，色彩协调美观。

4.5　资料真实，标点准确，比例选择合适，图幅清晰整洁。

项目二　注水井综合曲线绘制

1　项目简介

注水井综合曲线是以时间为横坐标，以注水井各项指标为纵坐标画出的水井注水综合曲线，能够反映注水指标随时间的变化趋势。掌握绘制注水井综合曲线的基本方法、步骤。了解注水井综合曲线的概念和用途。应用注水井综合曲线分析注水强度、压力变化，编制注水井配注计划，判断注水状况、分析注水效果。

2 操作前准备

2.1 穿戴好劳动保护用品。

2.2 准备工用具：综合曲线绘制专用图纸(或 500mm×250mm 米格纸)、绘图笔、铅笔、彩色水笔、橡皮、直尺等。

2.3 从采油区资料室收集绘制曲线需要的各项注水数据。

3 操作步骤

3.1 选择合适的左右上下边距(一般为 2~4cm)，以各项注水参数为纵坐标，自上而下依次为生产时间、注水泵压、油压、套压、全井及分层配注、全井及分层日注水量等，并标好适当的坐标刻度值。

3.2 以日历时间为横坐标，在图纸的下方，建立直角坐标系。

3.3 在图纸的左上侧标明井号，在图纸的左下侧写出转(投)注时间、注水层位、井段、厚度、层数；层位改变后，要注明新层位、厚度、层数和更改时间。

3.4 将各指标数据与日历时间相对应的点，标在建立的直角坐标系中。将每天的注水时间画成一段直线；其他参数各相邻点用直线连接，形成有棱角的折线；上墨着色。

3.5 将注水井的各项措施内容和日期标注在注水井综合曲线上(图 5-2)。

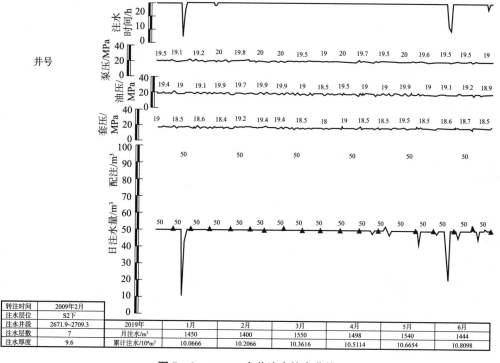

转注时间	2009年2月							
注水层位	S2下							
注水井段	2671.9~2709.3	2019年	1月	2月	3月	4月	5月	6月
注水层数	7	月注水/m³	1450	1400	1550	1498	1540	1444
注水厚度	9.6	累计注水/10⁴m³	10.0666	10.2066	10.3616	10.5114	10.6654	10.8098

图 5-2 ×××水井注水综合曲线

4 操作要点

4.1 注水井全井及分层配注可用文字说明。

4.2 一般曲线图的横坐标是时间，即一整年的 12 个月，每个月间隔 3cm 距离，以间隔 5 日(0.5cm)取值，每月逢 0、5 的值画点。

4.3 纵坐标的设计要合理，各项参数的标值要考虑其上、下波动范围，并能显示波动趋势，但不能相互交叉。

4.4 在地质图件的绘制中，注水量颜色选用蓝色，其他可任选，色彩协调美观。

4.5 资料真实，标点准确，比例选择合适，图幅清晰整洁。

项目三　水井注水指示曲线绘制

1 项目简介

水井注水指示曲线，是在稳定流动条件下，注水压力与注水量之间的关系曲线。掌握绘制注水指示曲线的基本方法、步骤，以及常见几种指示曲线的特征，分析判断水井的井下状况和地层吸水能力，以指导工作。

2 操作前准备

2.1 穿戴好劳动保护用品。

2.2 准备工用具：B5 图纸(176mm×150mm)、铅笔、彩色铅笔、绘图笔、橡皮、直尺、三角板等。

2.3 从采油区资料室收集绘制曲线需要的注水井分层测试资料及注水井数据(包括射孔层位、油层渗透率、砂岩厚度、有效厚度、油层发育状况等)。

3 操作步骤

3.1 在图纸上选择适当位置(一般左、下边距为 4～6cm)建立直角坐标系，横坐标为日注入量(m^3/d)，纵坐标为注入压力(MPa)，在坐标旁标注项目和单位。

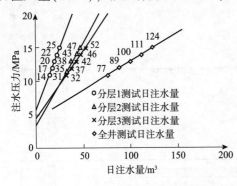

图 5-3 ×××井吸水指标曲线

3.2 根据测试资料，选用一个层资料，在坐标上标注相应坐标点，并将对应数据标注在坐标上，用折线连接各点。

3.3 按上述方法绘制注水井其他小层及全井的注水指示曲线。

3.4 在绘图纸上部或下部标注图名：××井××层吸水指示曲线或××井吸水指示曲线(图 5-3)。

3.5　根据注水指示曲线，计算该井的吸水指数。

地层吸水指数的求法如式（5-1）所示：

$$K' = \frac{Q_2 - Q_1}{P_2 - P_1} \tag{5-1}$$

式中　Q_1、Q_2——注水指示曲线上压力 P_1 和 P_2 所对应的注水量，m^3/d；

　　　P_1、P_2——井口注水压力，MPa。

4　操作要点

4.1　根据测试成果表绘制本次测试的注水指示曲线。

4.2　直线型指示曲线常见有 3 种类型。

4.2.1　直线型递增式曲线（图 5-4 中线 1），说明此时地层吸水量与注水压力成正比。

4.2.2　垂式指示曲线（图 5-4 中线 2），排除仪表及人为操作等原因，说明此时油层渗透率很差，即随着注水压力的增加，注水量没有增加；但也有可能是井下管柱出现了问题，如水嘴堵塞等。

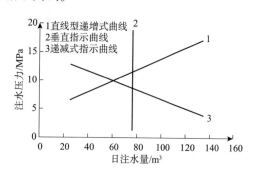

图 5-4　直线型指示曲线

4.2.3　递减式指示曲线（图 5-4 中线 3），这种曲线的出现是仪表、设备等方面的问题造成的。

4.3　折线型指示曲线常见有 3 种类型。

4.3.1　曲拐式指示曲线（图 5-5 中线 1），这种曲线的出现是仪表、设备等方面的问题造成的。

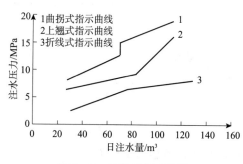

图 5-5　折线型指示曲线

4.3.2　上翘式指示曲线（图 5-5 中线 2），这种曲线排除仪表、设备、操作原因后，主要与油层性质有关，表明地层条件差，渗透率较低，随注水压力的增大，注水量增加值减少，所以曲线呈上翘趋势。

4.3.3　折线式指示曲线（图 5-5 中线 3），这种曲线表明注水压力较高时，有新层开始吸水，或者当注水压力提高到一定程度后，地层产生微小裂缝，导致油层吸水量增加。

4.4　上述 6 种指示曲线中，直线递增式和折线式属于正常指示曲线，其他 4 种主要受工艺、仪表、测试误差、水嘴堵塞等影响，称为异常指示曲线，不能作为判断井下情况和认识地层吸水能力的依据。

项目四　注采井组综合曲线绘制

1　项目简介

注采井组综合曲线能够直观反映出油水井动态变化规律。熟练掌握注采井组综合曲线绘制的方法和步骤,应用在实际生产动态分析中,帮助划分生产阶段;以利于分阶段重点分析,总结油水动态变化规律。

2　操作前准备

2.1　穿戴好劳动保护用品。

2.2　准备工用具:绘图纸(350mm×250mm 米格纸)、绘图笔、彩色铅笔、铅笔、直尺、三角板、橡皮等。

2.3　从采油区资料室收集绘制曲线需要的注采井组生产数据(包括注水井日注水量,采油井日产液、日产油、含水、动液面等)。

3　操作步骤

3.1　整理生产数据做成表格形式(表5-1)。

表5-1　注采井生产数据表

时间	油井数据						水井数据				备注
	层位	工作参数	日产液	日产油	含水	动液面	层位	配注	油压	日注水	
2018/1/1											
2018/1/10											
...											
...											

3.2　建立平面直角坐标系,以日历时间为横坐标,各项生产数据为纵坐标。

3.3　依据整理好的生产数据在建立的坐标系里标出数据点。

3.4　数据点上标注数据,并用直线连接相邻数据点,形成有棱角的折线。

3.5　在曲线旁注明措施及作业内容,并标出日期。

3.6　上墨着色,在图上方标出图名。颜色选用可参考:日产液为深褐红色,日产油为大红色,综合含水为绿色,动液面为玫红色,日注水为深蓝色(图5-6)。

4　操作要点

4.1　纵坐标一般从上至下依次为产液量、产油量、含水、动液面、注水压力、注水量等。

4.2　纵坐标刻度选取要结合实际生产数据,最大、最小值要合理。

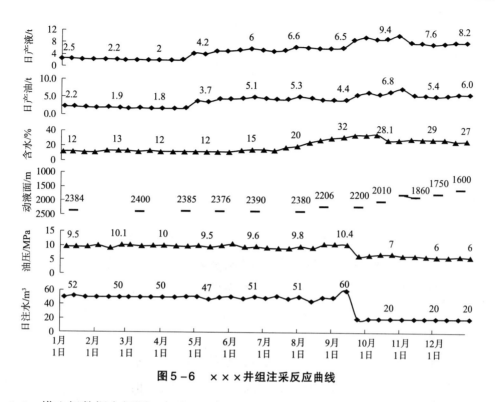

图5-6 ×××井组注采反应曲线

4.3 横坐标数据点间隔一般为5d或10d，根据所绘井组时间长短来确定合适的时间间隔点，能反映出井组变化趋势即可。

4.4 曲线颜色清晰，简洁明了。

项目五 产量运行曲线绘制

1 项目简介

产量运行曲线直观反映一个油田或区块的产量运行安排情况。熟练掌握产量运行曲线绘制方法和步骤，应用在实际生产动态分析中，帮助指导实际生产。

2 操作前准备

2.1 穿戴好劳动保护用品。

2.2 准备工用具：绘图纸(350mm×250mm米格纸)、绘图笔、彩色铅笔、铅笔、直尺、三角板、橡皮等。

2.3 从采油区资料室或地质研究所收集绘制曲线需要的油田或区块产量运行计划数据(包括总产量、新井产量、措施产量、自然产量)。

3 操作步骤

3.1 整理生产运行数据做成表格形式(表5-2)。

表5－2　×××油田(或区块)产量运行数据表

项目时间	产量			
	总产量/t	新井产量/t	措施产量/t	自然产量/t
2018. 1				
2018. 2				
2018. 3				
…				
…				
2018. 12				

3.2　建立平面直角坐标系，以日历时间为横坐标，产油量数据为纵坐标。

3.3　依据整理好的生产数据在建立的坐标系里依次标出数据点。

3.4　数据点上标注数据，相邻数据点用直线连接，形成有棱角的折线(图5－7)。

4　操作要点

4.1　纵坐标刻度选取时要结合实际数据，参考最大、最小值，刻度要合理。

4.2　运行曲线有月度和年度两种，一般在月度运行曲线时，习惯用每月日均水平，绘制时要标明。

4.3　曲线颜色清晰，简洁明了。

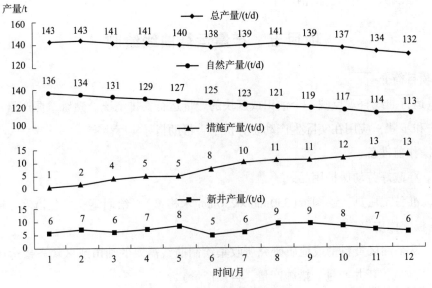

图5－7　×××区块产量运行曲线

项目六 产量构成曲线绘制

1 项目简介

产量构成曲线是反映一个油田(区块)的老井自然产量、当年新井产量及老井措施增油量在总产量中的构成情况,也反映了老井递减状况。直观地反映各种增产措施在油田稳产中所起的作用,能够描述老井自然产量变化,分析油田自然递减率和综合递减率的变化,预测近期油田动态变化,及时制定相应的措施,控制油田产量的递减。

2 操作前准备

2.1 穿戴好劳动保护用品。

2.2 准备工用具:绘图纸(350mm×250mm 米格纸)、绘图笔、彩色铅笔、铅笔、直尺、三角板、橡皮等。

2.3 从采油区资料室或地质研究所收集绘制曲线需要的油田或区块生产数据(包括总产量,新井产量、措施产量、自然产量)。

3 操作步骤

3.1 整理生产数据做成表格形式(表5 - 3)。

表5 - 3 ××××油田(或区块)产量构成数据表

项目时间	产量			
	总产量/t	新井产量/t	措施产量/t	自然产量/t
2016.1				
2016.2				
2016.3				
...				
...				
2016.12				

3.2 建立平面直角坐标系,以日历时间为横坐标,产油量数据为纵坐标。

3.3 依据整理好的生产数据,在建立的坐标系里标出数据点。

3.4 数据点上标注数据,相邻数据点用直线连接,形成有棱角的折线。

3.5 上墨着色,在图上方标出图名。各类措施面积颜色没有定式,只要颜色搭配美观即可(图5 - 8)。

4 操作要点

4.1 纵坐标刻度选取时要结合实际数据,参考最大值、最小值,刻度要合理。

4.2 曲线颜色清晰,简洁明了。

4.3 图幅上色要均匀。

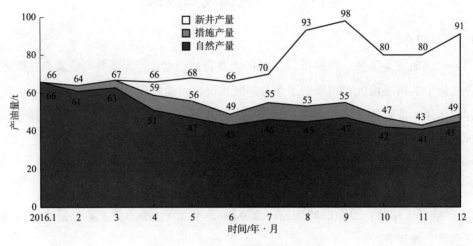

图5-8 ×××区块产量构成曲线

模块二　基础图件绘制

项目一　采油井管柱图绘制

1　项目简介

采油井管柱是指能够将井底的原油举升至地面的井下采油机械系统的统称。采油井管柱图是形象而准确地描述井下管柱采油状况的示意图。通过绘制采油井管柱图，了解采油井管柱的结构及井下各工具的名称、型号和规格。

2　操作前准备

2.1　穿戴好劳动保护用品。

2.2　准备工用具：B5 图纸（176mm×150mm）、铅笔、绘图笔、橡皮、直尺、三角板等。

2.3　从采油区资料室或地质研究所收集所绘制采油井井下管柱资料，包括射孔层数据、生产层数据、人工井底、水泥塞面、桥塞面等，各种井下工具型号、表示方法及下入深度等。

3　操作步骤

3.1　在图纸上方标上图名"×××井管柱示意图"，并在图名下画上一条基线。

3.2　自基线以下留一定间隔画4条垂线，外侧2条表示套管，中间2条表示油管。

3.3　在基线下2mm处绘制间断符号。

3.4　在油管线内，自上而下绘制各种井下工具（回音标、泄油器、深井泵、筛管、封隔器、丝堵或喇叭口、人工井底），在2条套管线中间绘制井内封隔器，并在图右侧适当位置标注相应名称、规格、下入深度。

3.5　在图左侧适当位置画出各生产层段，标注其射孔顶、底界深度，在油层中间标注层位、厚度/层数的数据（图5-9）。

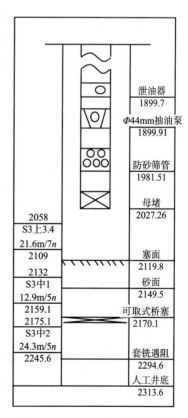

图5-9　×××井管柱结构图

4 操作要点

4.1 绘制采油井管柱图时，封隔器标识在两生产层段之间，而不能标在生产层段上，所下管柱深度与生产层段应有一定距离。

4.2 标注深度要求，封隔器在其中间标出下入深度，其他工具统一在其下端面标出所在深度。

4.3 注意深度准确，采油井井下各工具的深度和采油层段要有距离差。

4.4 各工具的表示符号均符合规定，图面清晰，字迹端正(图5-10)。

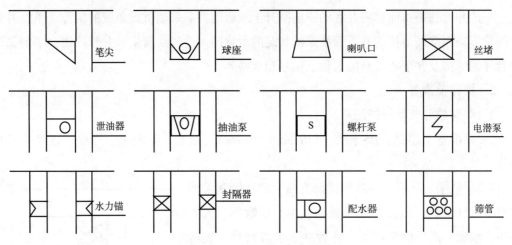

图5-10 下井管柱参考图例

4.5 采油管柱现场应用分两类：有杆抽油泵采油管柱及无杆泵采油管柱(常用潜油电泵)。

4.5.1 有杆抽油泵采油管柱由油管、抽油杆、抽油泵、筛管及丝堵等组成；对特殊井况及高产出气的油井，在管柱上配套使用辅助工具或特殊抽油泵来完成原油开采(如防气锁泵采油管柱，主要是由抽油杆、油管、环阀式防气泵、封隔器式螺旋沉降气锚、筛管及丝堵等组成)。

4.5.2 潜油电泵采油管柱由两部分组成，一是潜油机组，包括电机、保护器、油气分离器、多级潜油离心泵等；二是专用电缆，包括大、小扁潜油电缆，外形扁平。潜油电泵画管柱图时井下工具标识多用横线表示，右侧详细标注工具名称及深度。

项目二 注水井管柱图绘制

1 项目简介

注水井管柱图是形象而准确地描述井下管柱注水状况的示意图。通过绘制注水井管柱图，了解注水井管柱的结构及井下各工具的名称、型号和规格。

2　操作前准备

2.1　穿戴好劳动保护用品。

2.2　准备工用具：B5 图纸（176mm×150mm）、铅笔、绘图笔、橡皮、直尺、三角板等。

2.3　从采油区资料室或地质研究所收集绘制井下管柱资料，包括注水层段数据、砂面、水泥塞面、人工井底，各种井下工具型号、表示方法及下入深度等。

3　操作步骤

3.1　在图纸上方标上图名"×××井管柱示意图"，并在图名下画上一条基线。

3.2　自基线以下留一定间隔画 4 条垂线，外侧 2 条表示套管，中间 2 条表示油管。

3.3　在基线下 2mm 处绘制间断符号。

3.4　在油管线内，自上而下绘制各种井下工具，在 2 条套管线中间绘制井内封隔器，并在图右侧适当位置标注相应名称、规格、下入深度。

3.5　在图左侧适当位置画出各注水层段，标注其射孔顶、底界深度和层位、厚度/层数的数据（图 5－11）。

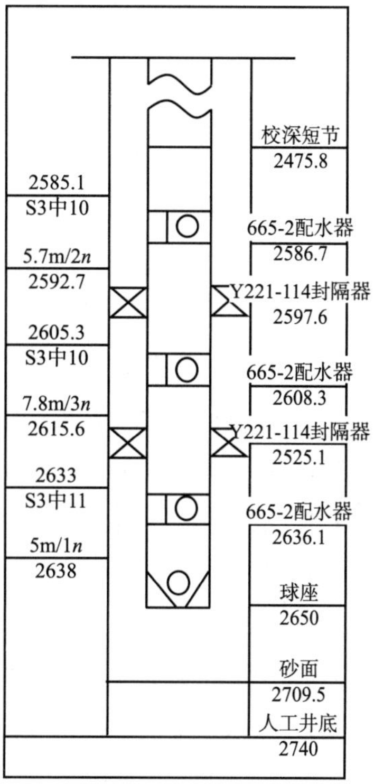

4　操作要点

图 5－11　×××井管柱结构图

4.1　绘制注水井管柱图时，封隔器标识在两注水层段之间不能标在注水层段上，配水器与注水层段相对应。

4.2　标注深度要求，封隔器在其中间标出下入深度，其他工具统一在其下端面标出所在深度。

4.3　注意深度准确，管柱图右侧井下各工具的深度和左侧注水层的深度要相互对应，从浅到深。

4.4　各工具的表示符号均符合规定（图 5－10），图面清晰，字迹端正。

项目三　油水井地面井位图绘制

1　项目简介

油水井地面井位图是按一定方位，描述油水井平面位置分布的示意图。在实际生产中用于指导井位关系的识别，井网、井距的确定。

2 操作前准备

2.1 穿戴好劳动保护用品。

2.2 准备工用具：A3 图纸（420mm×297mm）、铅笔、彩色铅笔、圆规、橡皮、直尺、三角板等。

2.3 从采油区资料室或地质研究所收集区块面积、油水井井数、布井方式、井间距离等数据。

3 操作步骤

3.1 确定图幅边框。对于带装订线的，左边框为 25mm，右及上、下边框为 10mm；对于不带装订线的，上、下、左、右边框均为 10mm。

3.2 根据油水井分布及井距，确定比例尺，常用 1∶5000 或 1∶10000。

3.3 根据区块井位分布，确定井位图坐标方向。

3.4 用铅笔在图上建立直角坐标系。

3.5 根据井位坐标值在坐标系内标出相应的井位点。

3.6 在井位点上用小圆规画上小圆，依据图例井别标识着色，在小圆下写上井号并上墨。

3.7 图的正文标注图例、绘图人、绘图时间。

3.8 擦去坐标网格，写上图名(图 5-12)。

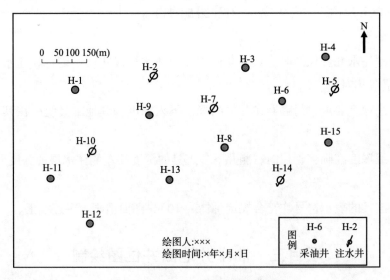

图 5-12 ×××油田井位分布图

4 操作要点

4.1 图幅美观、清晰、主题突出。

4.2 井位准确，图上注明的方向与制图时坐标方向一致。

项目四　注水井单井配水工艺流程图绘制

1　项目简介

注水井配水工艺流程图是配水间闸门、管汇流程走向的示意图，分为单井配水工艺流程图和多井配水工艺流程图。其作用是让该岗位人员快速了解流程管线走向。

2　操作前准备

2.1　穿戴好劳动保护用品。

2.2　准备工用具：A3 图纸（420mm × 297mm）、绘图笔、彩色铅笔、铅笔、直尺、三角板、橡皮等。

2.3　从采油区收集所绘井的流程说明。

3　操作步骤

3.1　确定图幅边框、大小及绘图比例。

对于带装订线的，左边框为 25mm，右及上、下边框为 10mm；对于不带装订线的，上、下、左、右边框均为 10mm。

绘图缩小比例一般为 1∶1.5，1∶2，1∶3，1∶4，1∶6。具体比例根据实物结合所给图纸大小选择合适比例尺。

3.2　距底边 3~6cm 画一条基线作为注水干线。

3.3　在注水干线上取一点绘制注水管线立体图；在适当位置，依次绘制压力表、闸门。

3.4　标注各种符号及说明。

3.5　标注图名、绘图人（图 5-13）。

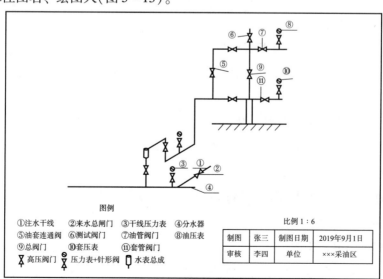

图 5-13　×××单井配水工艺流程图

4 操作要点

4.1 立体感明显，比例选择合适。

4.2 管线及闸门符号表示正确，标注准确。

4.3 流程清楚，简洁明了。

4.4 各色铅笔使用正确，着色统一、规范。

项目五 注水井多井配水工艺流程图绘制

1 项目简介

注水井配水工艺流程图是配水间闸门、管汇流程走向的示意图，分为单井配水工艺流程图和多井配水工艺流程图。其作用是让该岗位人员快速了解流程管线分布走向。

2 操作前准备

2.1 穿戴好劳动保护用品。

2.2 准备工用具：A3 图纸 420mm × 297mm、绘图笔、彩色铅笔、铅笔、直尺、三角板、橡皮等。

2.3 从采油区收集注水井工艺流程说明。

3 操作步骤

3.1 确定图幅边框、大小及绘图比例。

对于带装订线的，左边框为 25mm，右及上、下边框为 10mm；对于不带装订线的，上、下、左、右边框均为 10mm。

绘图缩小比例一般为 1：1.5，1：2，1：3，1：4，1：6。具体比例根据实物结合所给图纸大小选择合适比例尺。

3.2 距底边 3~6cm 画一条基线作为注水干线。

3.3 在注水干线上取一点绘制注水管线立体图；在适当位置，依次绘制压力表、闸门。

3.4 绘制两组平行注水管阀流程。

3.5 同样方法绘制三组或三组以上平行的管阀图。

3.6 标注各种符号及说明。

3.7 标注图名、绘图人(图 5-14)。

4 操作要点

4.1 立体感明显，比例选择合适。

4.2 管线及闸门符号表示正确，标注准确。

4.3 流程清楚，简洁明了。

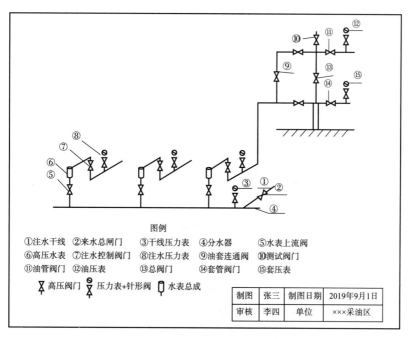

图例

①注水干线　②来水总闸门　③干线压力表　④分水器　⑤水表上流阀

⑥高压水表　⑦注水控制阀门　⑧注水压力表　⑨油套连通阀　⑩测试阀门

⑪油管阀门　⑫油压表　⑬总阀门　⑭套管阀门　⑮套压表

⊠ 高压阀门　⊠ 压力表+针形阀　⌷ 水表总成

制图	张三	制图日期	2019年9月1日
审核	李四	单位	×××采油区

图 5-14　×××多井配水工艺流程图

项目六　采油井工艺流程图绘制

1　项目简介

采油井工艺流程图是描述井口采出、掺热、热洗流程之间的相互流动过程。该项目主要是掌握工艺流程图绘制的方法、步骤、标准。

2　操作前准备

2.1　穿戴好劳动保护用品。

2.2　准备工用具：A3 图纸（420mm×297mm）、绘图笔、彩色铅笔、铅笔、直尺、三角板、橡皮等。

2.3　从采油区收集采油井工艺流程说明。

3　操作步骤

3.1　确定图幅边框、大小及绘图比例。

对于带装订线的，左边框为 25mm，右及上、下边框为 10mm；对于不带装订线的，上、下、左、右边框均为 10mm。

绘图缩小比例一般为 1:1.5，1:2，1:3，1:4，1:6。具体比例根据实物结合所给图纸大小选择合适比例尺。

3.2　绘制地面基线、垂直基线，绘制井口管柱。

3.3 在采油管柱上绘制单井采油管线立体图。

3.4 在适当位置,依次绘制压力表、阀门等;在基线以下绘制井下管柱、生产管、掺水管。

3.5 标注各种符号及说明。

3.6 标注图名、绘图人(图5-15)。

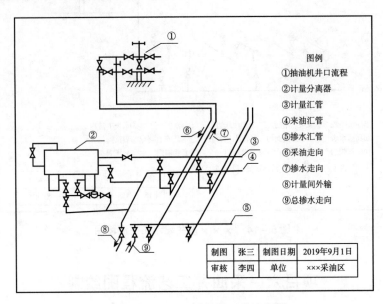

图例

①抽油机井口流程
②计量分离器
③计量汇管
④来油汇管
⑤掺水汇管
⑥采油走向
⑦掺水走向
⑧计量间外输
⑨总掺水走向

| 制图 | 张三 | 制图日期 | 2019年9月1日 |
| 审核 | 李四 | 单位 | ×××采油区 |

图5-15　×××采油井工艺流程图

4 操作要点

4.1 立体感明显,比例选择合适。

4.2 管线及闸门符号表示正确,标注准确。

4.3 流程清楚,简洁明了。

项目七　抽油机理论示功图绘制

1 项目简介

抽油机理论示功图是指在理想情况下,只考虑悬点所承受的静载荷引起的抽油杆柱及油管柱弹性变形,而不考虑其他因素的影响所绘制的示功图。目的是与实测示功图比较,找出载荷变化差异,从而判断深井泵、抽油杆、油管的工作状况及油层供液情况。

2 操作前准备

2.1 穿戴好劳动保护用品。

2.2 准备工用具:A3图纸(420mm×297mm)、绘图笔、铅笔、直尺、三角板、橡皮等。

2.3　从采油区资料室收集抽油机深井泵工作参数(冲程)。

3　操作步骤

3.1　建立直角坐标系，横坐标表示冲程，纵坐标表示悬点所承受的力。

3.2　根据所测井的参数，计算出 $P_{杆}$(抽油杆在液体中的质量)和 $P_{液}$(活塞以上液柱质量)，计算公式如式(5-2)所示。

$$P_{杆} = q_{杆} \times L \qquad\qquad (5-2)$$

$$P_{液} = \frac{F \times L \times \gamma_{液}}{10} \qquad\qquad (5-3)$$

式中　$P_{杆}$——抽油杆在井内液体中的质量，N；

$\quad q_{杆}$——每米抽油杆在液体中的质量，N/m；

$\quad P_{液}$——活塞以上液体质量，N；

$\quad F$——活塞横截面积，m^2；

$\quad L$——下泵深度(抽油杆长)，m；

$\quad \gamma_{液}$——井内液体重度，N/m^3。

3.3　将 $P_{杆}$、$P_{液}$ 分别除以力比后，即计算出 $P_{杆}$ 和 $P_{液}$ 在纵坐标上的位置，再分别以其高做横坐标的平行线，使图中 $B'C = AD' = S_{光}$(实测图最左端到最右端的长度 $S_{光}$ 即为理论示功图的光杆冲程长度)。

3.4　计算求出 λ(冲程损失)及其在图上的长度，计算公式如式(5-4)所示。

$$\lambda = \lambda_1 + \lambda_2 = \frac{P_{液} \times L}{E} \times \frac{1}{F_{杆} + F_{管}} \qquad\qquad (5-4)$$

式中　λ——冲程损失，m；

$\quad \lambda_1$——抽油杆弹性变形，m；

$\quad \lambda_2$——油管杆弹性变形，m；

$\quad F_{杆}$——抽油杆截面积，m；

$\quad F_{管}$——油管截面积，m；

$\quad E$——弹性模量(钢的弹性模量为 2.1×10^6 mg/cm^2)。

3.5　在直角坐标系中绘出 AB 和 CD 线，则平行四边形 $ABCD$ 为理论示功图。

3.6　标注理论示功图。

3.6.1　标出上、下死点位置。

3.6.2　标出并计算悬点最大、最小载荷和作用于活塞面积上的液柱载荷。

3.6.3　标出增载线、卸载线和上、下负荷线。

3.6.4　标出增载终止点、卸载终止点。

3.6.5　标出并计算光杆冲程、活塞冲程和冲程损失。

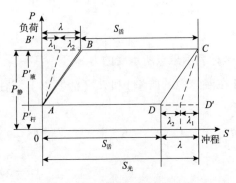

图 5 - 16　抽油机理论示功图

3.6.6　标出抽油泵做功面积(图 5 - 16)。

4　操作要点

4.1　示功图是指示或表达"做功"实况的记录图形，它是由无数个点组成的闭合图形，图形中的任意一点均代表该点驴头行程的负载值。

4.2　理论示功图主要有以下假设条件。

4.2.1　深井泵的质量合格，油管没有漏失。

4.2.2　不考虑活塞在上、下冲程中抽油杆柱所受到的摩擦力、惯性力、震动载荷、冲击载荷的影响，力的传递是瞬间的。

4.2.3　抽油设备在抽油过程中，不受砂、蜡、气、水的影响。进入泵内的液体是不可压缩的，抽油泵阀球的开、关是瞬间的。

4.2.4　油井没有连抽带喷现象。

4.2.5　油层供液能力充足，泵能完全充满。

4.3　立体感明显，比例选择合适；符号表示正确，标注准确。

模块三 基础地质图件绘制

项目一 构造井位图绘制

1 项目简介

构造井位图是油田开发图件中基础的地质图件，应用在区块、注采井组以及单井动态分析中，许多开发地质图件都是在构造井位图基础上勾绘出来。

2 操作前准备

2.1 穿戴好劳动保护用品。

2.2 准备工用具：A3 图纸(420mm×297mm)、绘图笔、铅笔、直尺、三角板、橡皮等。

2.3 从采油区资料室或地质研究所收集相关图件所需的资料、数据。所需区块的标准井位底图、所需构造层面的垂深，并将有关数据换算成海拔深度。

3 操作步骤

3.1 确定图幅边框。对于带装订线的，左边框为 25mm，右及上、下边框为 10mm；对于不带装订线的，上、下、左、右边框均为 10mm。

3.2 确定比例尺和等高距。

3.2.1 比例尺根据构造图的精度要求来确定，一般常用的比例尺有 1：5000，1：10000，1：25000，1：50000，1：100000 等(图 5-17)。

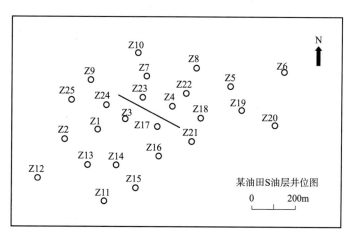

图 5-17 某油田 S 油层井位示意图

3.2.2 对构造图等高距的大小没有统一规定。等高距的大小与资料的丰富程度有密切关系，一般选择等高距既能反映地下构造形态特征，又不使其等高线过密或过稀。当构造的倾角平缓时，等高距常用 1m、2m 和 5m；而构造倾角较大时，等高距为 10m、25m、50m，有时甚至达到 100m。

3.3　选择制图标准层。通常把海平面作为绘图的基准面，以海平面的高度作为 0m，其上为正，其下为负（图 5-18）。

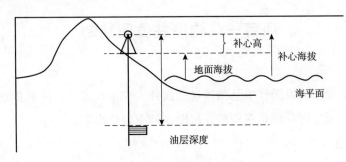

图 5-18　海拔标高示意图

3.4　计算制图标准层海拔高度。

3.4.1　若为直井，制图层的海拔标高等于补心海拔减去制图层面顶（或底）的井深。

3.4.2　若为斜井或弯井，其制图层的海拔标高需要进行计算。首先求出它的垂直投影井深，以每口井斜测量点分成若干斜井段进行计算，计算公式如式（5-5）所示：

$$h = H - (L_0 + L_1 \cos \delta_1 + L_2 \cos \delta_2 + L_3 \cos \delta_3 + \cdots + L_n \cos \delta_n) \qquad (5-5)$$

式中　　　　　　　　　h——校正后制图标准层（顶或底）的海拔高度，m；

　　　　　　　　　　　H——补心海拔高程，m；

L_0、L_1、L_2、L_3、$\cdots\cdots$、L_n——各斜井段的长度，m；

δ_1、δ_2、δ_3、$\cdots\cdots$、δ_n——各斜井段的井斜角度，（°）。

3.5　标注数据。把所需要的顶面（底面）的数据标在已准备好的井位图上，一般标在井圈正下方（图 5-19）。

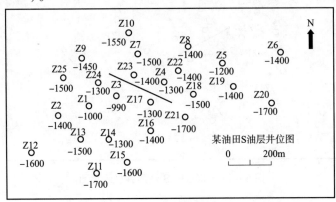

图 5-19　某油田 S 油层海拔标高示意图

3.6　连三角网系统。在标准的井位图上将井点连成若干个三角形的网状系统。在连接三角形时应注意，构造不同翼上的点和位于断层两盘的点不能相接。

3.6.1　在三角形各边之间，用内插法按确定的等高距求出不同的高程点。

3.6.2　将高程相同的点连成线，即得到等高线图，为了图件美观，将等高线圆滑一下即可(图5-20)。

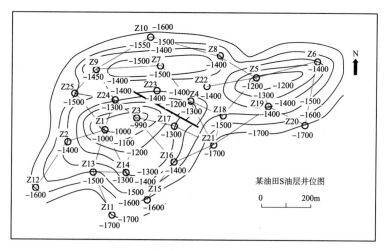

图5-20　某油田S油层三角网法构造示意图

用三角网法绘制的构造图，适用于比较平缓并且保存比较完整的构造形态。它是现场广泛使用的方法之一。

3.7　校正线条，上墨，清图。

构造图一般不上色，若需要可根据不同的等高距着色。

3.8　制图人、审核人签名，并标明制图时间、图例(图5-21)。

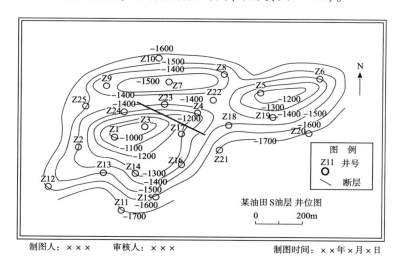

图5-21　某油田S油层构造井位示意图

4 操作要点

4.1 在连接三角形时应注意，构造不同翼上的点和位于断层两盘的点不能相接。

4.2 一般情况下，构造线越密，反映构造的相应部位越陡；等高线稀疏，则反映构造相对平缓。用构造图可以求出该构造闭合高度、闭合面积，长、短轴的数据及构造翼部倾角等，用等高线还可以判断构造体是背斜、向斜还是单斜等。

4.3 构造井位图在注采井组动态分析中的作用主要有以下几个方面：一是可以确定注采井组在区块或断块中的位置，搞清所分析的井组是否与边水邻近，是否靠近断层，以判断和分析采油井的边水突进或注水见效情况；二是可以弄清油井与油井、油井与注水井之间的井距，以判断分析井间干扰问题和水线推进情况；三是可以看出注采井网的完善情况和注水方式。

4.4 图幅美观、清晰、主题突出。井位准确，图上注明的方向与制图时坐标方向一致。

项目二 厚度等值图绘制

1 项目简介

砂体厚度等值图是油田开发图件中的基础地质图件，反映砂体的平面展布情况。砂体厚度图应用在区块、注采井组以及单井动态分析中，可应用于：砂体沉积的同期性判断，利用油层组的深度，对单砂体的深度进行校正，如果单砂体的深度相同，则可以认为是同期沉积的，否则认为是非同期沉积的；砂体沉积的水动力条件判断，在砂体小层数据中，砂岩组中有效厚度的变化体现出砂岩沉积时期的水动力条件的变化；砂体沉积环境判断，沉积旋回体现了沉积环境的变化。

2 操作前准备

2.1 穿戴好劳动保护用品。

2.2 准备工用具：A3图纸（420mm×297mm）、绘图笔、铅笔、直尺、三角板、橡皮等。

2.3 从采油区资料室或地质研究所收集相关图件所需的资料、数据，区块的标准井位底图、每口井的砂层厚度数据、标志层的深度，并将有关数据换算成海拔深度。

3 操作步骤

3.1 确定图幅边框。对于带装订线的，左边框为25mm，右及上、下边框为10mm；对于不带装订线的，上、下、左、右边框均为10mm。

3.2 确定比例尺和等值线间的距离。

3.2.1 比例尺根据构造图的精度要求来确定，一般常用的比例尺有1：5000，

1 : 10000，1 : 25000，1 : 50000，1 : 100000 等。

    3.2.2 等值线的间距大小没有统一规定。等间距的大小与资料的丰富程度有密切关系，等间距常用 1m、2m、5m 和 10m。

    3.3 标注数据，即把所需的数据标注在准备好的井位图上（图 5 - 22）。

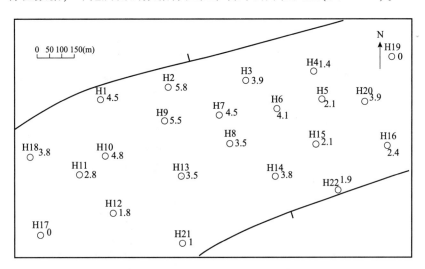

图 5 - 22 某油田 S 油层井位示意图

3.4 连三角网系统。

在校正后的图件上，将井位图上的井点连成若干个三角形的网状系统。

在连接三角形时应注意，位于较大的断层两盘的井点不能相接。

3.5 在三角形各边之间，用内插法求出不同的数值点。

3.6 将数值相同的点连成曲线，并修改、圆滑该曲线，即得到等值线图（图 5 - 23）。

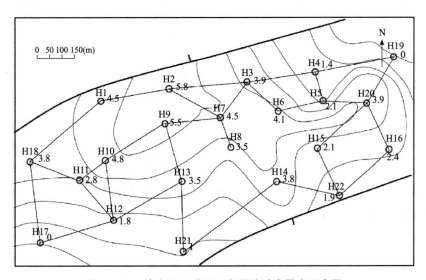

图 5 - 23 某油田 S 油层三角网法砂岩厚度示意图

3.7 校正线条，上墨，清图。

厚度图可以上色，根据需要按不同的等厚距着色。

3.8 制图人、审核人签名，并标明制图时间、图例(图5－24)。

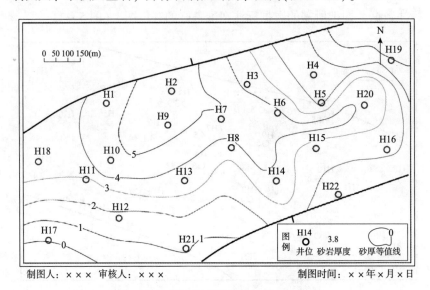

制图人：××× 审核人：×××   制图时间：××年×月×日

图5－24 某油田 S 油层砂岩厚度示意图

4 操作要点

4.1 砂体图的绘制要求互相连通的砂体应具有同时期沉积、由同一水动力环境所控制和处于同一水动力变化时期等特征。

4.2 绘制砂体厚度图时，首先要划分层位，通过邻井的测井曲线对比，找到相同层位、砂组或者体系域，然后统计同一砂层的厚度数据。

4.3 图幅美观、清晰、主题突出。井位准确，图上注明的方向与制图时坐标方向一致。

项目三 渗透率等值图绘制

1 项目简介

渗透率是表征多孔介质在一定压力梯度下孔道中具有一定流动能力的流体流量大小，用达西定律来定义。渗透率等值图是油田开发图件中的基础地质图件，反映岩石允许通过流体能力的横向分布范围，应用在区块、注采井组以及单井动态分析中。

2 操作前准备

2.1 穿戴好劳动保护用品。

2.2 准备工用具：A3图纸(420mm×297mm)、绘图笔、铅笔、直尺、三角板、橡皮等。

2.3 从采油区资料室或地质研究所收集相关图件所需的资料、数据。所需区块的标准井位底图、所需每口井的砂层厚度数据、标志层的深度。

3　操作步骤

3.1　确定图幅边框。对于带装订线的，左边框为 25mm，右及上、下边框为 10mm；对于不带装订线的，上、下、左、右边框均为 10mm。

3.2　确定比例尺和等值线间的距离。

3.2.1　比例尺根据构造图的精度要求来确定，一般常用的比例尺有 1：5000，1：10000，1：25000，1：50000，1：100000 等。

3.2.2　等值线的间距大小没有统一规定。等间距的大小与资料的丰富程度有密切关系，等间距常用 1md、2md、5md 和 10md（$1md = 1 \times 10^{-3} \mu m^2$）。

3.3　标注数据，即把所需的数据标注在准备好的井位图上（图 5 – 25）。

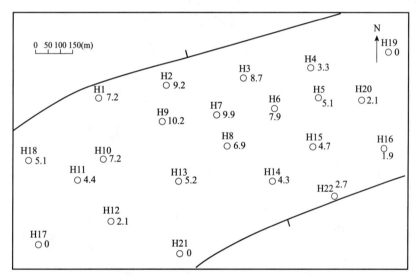

图 5 – 25　某油田 S 油层井位示意图

3.4　连三角网系统。在校正后的图件上，将井位图上的井点连成若干个三角形的网状系统。在连接三角形时应注意，位于较大的断层两盘的井点不能相接。

3.5　在三角形各边之间，用内插法求出不同的数值点。

3.6　将数值相同的点连成曲线，并修改、圆滑曲线，得到等值线图（图 5 – 26）。

3.7　校正线条，上墨、清图。渗透率等值图可以上色，根据需要按不同的等值线间距着色。

3.8　制图人、审核人签名，并标明制图时间、图例（图 5 – 27）。

4　操作要点

4.1　储层的绝对渗透率的表征方法，通常是在岩心分析渗透率或测井解释渗透率的基础上进行厚度加权算术平均。

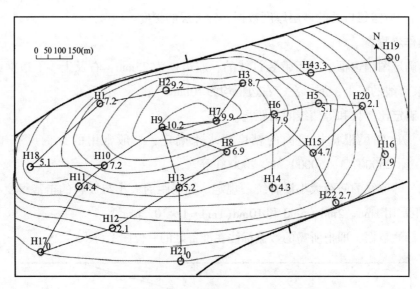

图5-26　某油田S油层三角网法渗透率示意图

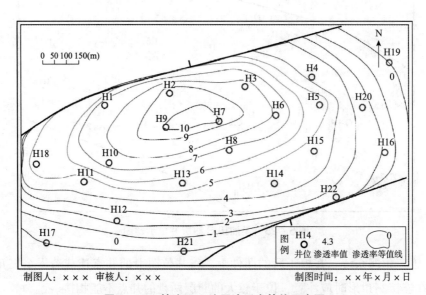

制图人：×××　审核人：×××　　　　　　　制图时间：××年×月×日

图5-27　某油田S油层渗透率等值示意图

4.2　图幅美观、清晰、主题突出。井位准确，图上注明的方向与制图时坐标方向一致。

项目四　压力等值图绘制

1　项目简介

压力等值图是油田开发图件中基础的地质图件，采油井需测量的压力主要有油压、套压、回压和流动压力，应用在区块、注采井组以及单井动态分析中。以目前地层压力等值图的绘制为例,描绘井下生产层位中部压力。

2 操作前准备

2.1 穿戴好劳动保护用品。

2.2 准备工用具:A3图纸(420mm×297mm)、绘图笔、铅笔、直尺、三角板、橡皮等。

2.3 从采油区资料室或地质研究所收集相关图件所需区块的标准井位底图、每口井的目前地层压力数据等。

3 操作步骤

3.1 确定图幅边框。对于带装订线的,左边框为25mm,右及上、下边框为10mm;对于不带装订线的,上、下、左、右边框均为10mm。

3.2 确定比例尺和等值线间的距离。

3.2.1 比例尺根据构造图的精度要求来确定,一般常用的比例尺有1:5000,1:10000,1:25000,1:50000,1:100000等。

3.2.2 等值线的间距大小没有统一规定。等间距的大小与资料的丰富程度有密切关系,等间距常用1MPa、2MPa和5MPa等。

3.3 标注数据,即把所需的数据标注在准备好的井位图上(图5-28)。

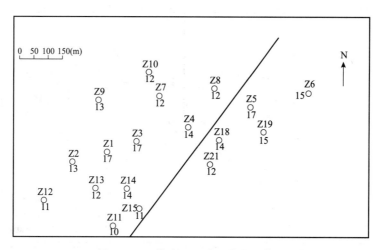

图5-28 某油田S油层井位示意图

3.4 连三角网系统。

在校正后的图件上,将井位图上的井点连成若干个三角形的网状系统。

在连接三角形时应注意,位于较大的断层两盘的井点不能相接。

3.5 在三角形各边之间,用内插法求出不同的数值点。

3.6 将数值相同的点连成曲线,并修改、圆滑该曲线,即得到等值线图(图5-29)。

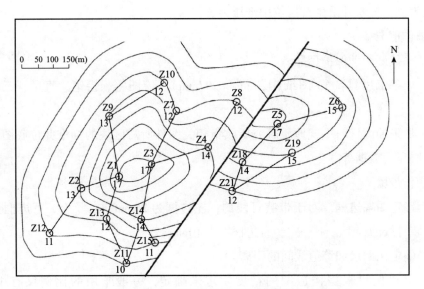

图5-29 某油田S油层三角网法地层压力示意图

3.7 校正线条，上墨、清图。

压力图可以上色，根据需要按不同的等值线间距着色。

3.8 制图人、审核人签名，并标明制图时间、图例（图5-30）

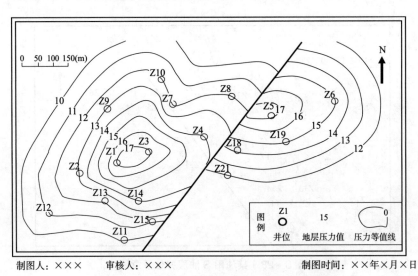

制图人：×××　　审核人：×××　　　　　　制图时间：××年×月×日

图5-30 某油田S油层地层压力等值示意图

4 操作要点

4.1 在连接三角形时注意，构造不同翼上的点和位于断层两盘的点不能相接。

4.2 通过对比不同时期的地层压力等值图，可以直观看出井下生产层位的压力变化，及时进行注入与采出状况的调整，控制地层压力在合理的生产区间。

4.3 图幅美观、清晰、主题突出。井位准确，图上注明的方向与制图时坐标方向一致。

4.4 其他生产实际中测的压力值，可以依照以上绘制目前地层压力等值图的方法进行编制。

项目五 含油饱和度等值图绘制

1 项目简介

含油饱和度等值图是油田开发图件中的基础地质图件，应用在区块、注采井组以及单井动态分析中。含油饱和度是在储集层中的石油体积占有效孔隙体积的百分数。在1亿吨以上的油田中，必须取得油基泥浆或密闭取心资料和原始含油饱和度数据，并在此基础上，研究与测井曲线参数间的相互关系，建立含油饱和度图版。由于油基泥浆钻井费用昂贵，小于1亿吨的砂岩油田一般不用，而应用电测资料进行解释。常用阿尔奇公式计算含水饱和度和含油饱和度。

2 操作前准备

2.1 穿戴好劳动保护用品。

2.2 准备工用具：A3图纸（420mm×297mm）、绘图笔、铅笔、直尺、三角板、橡皮等。

2.3 从采油区资料室或地质研究所收集相关图件所需区块的标准井位底图和每口井的含油饱和度数据等。

3 操作步骤

3.1 确定图幅边框。对于带装订线的，左边框为25mm，右及上、下边框为10mm；对于不带装订线的，上、下、左、右边框均为10mm。

3.2 确定比例尺和等值线间的距离。

3.2.1 比例尺根据构造图的精度要求来确定，一般常用的比例尺有1∶5000，1∶10000，1∶25000，1∶50000，1∶100000等。

3.2.2 等值线的间距大小没有统一规定。等间距的大小与资料的丰富程度有密切关系，等间距常用5%、10%和20%等。

3.3 标注数据，即把所需的数据标注在准备好的井位图上（图5-31）。

3.4 连三角网系统。在校正后的图件上，将井位图上的井点连成若干个三角形的网状系统。

3.5 在三角形各边之间，用内插法求出不同的数值点。

3.6 将数值相同的点连成曲线，并修改、圆滑，即得到等值线图（图5-32）。

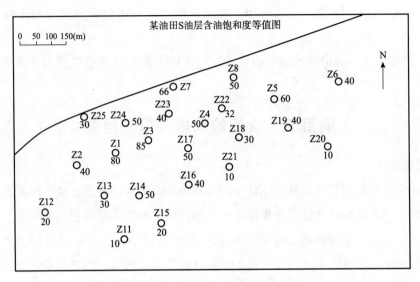

图 5 –31　某油田 S 油层井位示意图

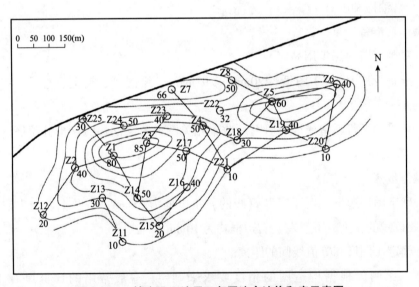

图 5 –32　某油田 S 油层三角网法含油饱和度示意图

3.7　校正线条，上墨，清图。

含油饱和度等值图可以上色，根据需要按不同的等值线间距着色。

3.8　制图人、审核人签名，并标明制图时间、图例（图 5 –33）。

4　操作要点

4.1　确定含油饱和度的方法主要有：油基泥浆取心，测定岩心残余水饱和度后，来计算含油饱和度；利用测井（电阻法测井）资料求出地层真电阻率，查有关图版，确定其含油饱和度；高压密闭取心。

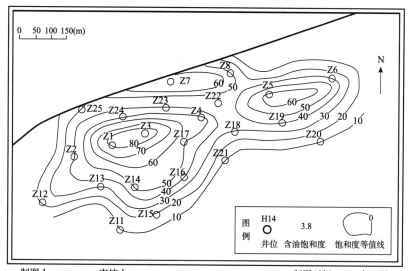

制图人：×××　　审核人：×××　　　　　　　　　　制图时间：××年×月×日

图 5－33　某油田 S 油层含油饱和度等值示意图

4.2　图幅美观、清晰、主题突出。井位准确，图上注明的方向与制图时坐标方向一致。

模块四 综合地质图件绘制

项目一 小层平面图绘制

1 项目简介

小层平面图是反映小层砂体形态、砂体厚度、有效厚度和储油物性变化的平面图，是油气地质储量计算、油田开发及动态分析的基础图件。

小层平面图的应用，一是掌握开发单元，了解每个单层平面上分布的具体特点和油井内多层组合的区域性共同特点，才能处理好层间矛盾和平面矛盾，创造高产稳产条件。二是选择注水方式，对于条带状分布的油层，注入水的流动方向直接受油层分布形态的支配，对于大片连通的油层，注入水的流动方向主要受油层渗透性的影响，应根据平面图综合研究，选择有利的注水方式。三是研究水线推进，油田注水以后，为控制好水线，调整好平面矛盾，以单层平面图为背景画出水线推进图；研究水线推进与单层渗透率、油砂体形态和注采强度的关系，采取控制水线均匀推进的措施，提高平面扫油效率。

2 操作前准备

2.1 穿戴好劳动保护用品。

2.2 准备工用具：绘图笔、铅笔、直尺、曲线尺、三角板、橡皮等。

2.3 从采油区资料室或地质研究所收集相关图件所需的资料、数据，井位底图(要求标有本油层组内外含油边界线和本油层组顶面断层线)，绘图区井(层)小层数据表。

3 操作步骤

3.1 劈分小层数据。在小层数据表或横向图上，把跨小层的砂岩厚度、有效厚度，根据小层界限数据劈分开来。即小层界线上边的厚度属于上边小层，界线下边的厚度属于下边小层。

3.2 勾绘断层走向线和内外含油边界。根据作图要求，选择适当比例尺的井位图，并在井位图上绘制出该油层组最新的断层走向线和该小层所在油层组的内外含油边界线。

3.3 编绘各井小剖面。

3.3.1 在井别符号下面画一横线，在井轴线左侧标记有效渗透率，在其右侧标记砂岩厚度、有效厚度。

3.3.2 若该井本小层砂岩尖灭，则在井圈正下方画上"△"，表示尖灭。

3.3.3 若该井本小层砂岩没钻穿，则在井号正下方写上"未"，表示该井本小层没钻穿。

3.4 勾绘线条。一般小层平面图的线条包括砂岩尖灭线、有效厚度零线和渗透率等值线，勾线条的方法仍用三角网内插方法勾绘。

3.4.1 砂岩尖灭线，取砂岩尖灭或有砂岩厚度井点距离的1/2。

例如：某断块油田1号小层有4个井点，分别是1号井、2号井、3号井和4号井，它们的厚度如图5-34所示，而砂岩尖灭线的位置应在：

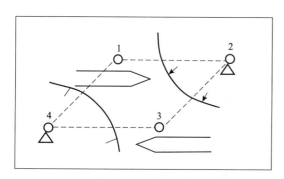

图5-34 砂岩尖灭线勾绘示意图

1号井和2号井的1/2处；

2号井和3号井的1/2处；

3号井和4号井的1/2处；

4号井和1号井的1/2处。

如图5-34所示：表示1号井和3号井砂体是连通的。

砂岩尖灭线的勾绘要考虑纵向、横向、斜向砂体的连通状况。勾绘时，线条可以从井间通过。

砂岩尖灭线画完了以后，要在尖灭线上每隔1～2cm画一个垂直于砂岩尖灭线的短线，短线朝着尖灭方向，也可称砂岩尖灭线为刺线(图5-35)。

3.4.2 有效厚度零线。

(1)取砂岩厚度井点和有效厚度井点的1/2。

(2)取尖灭线和有效厚度井点的1/3(其中尖灭线一方占1/3，有效厚度井点一方占2/3)。

3.4.3 渗透率等值线可根据图件要求，取3～4个级别，用三角网内插法勾绘；若一口井有两个以上的自然层，这口井的渗透率等值线按最高值考虑。

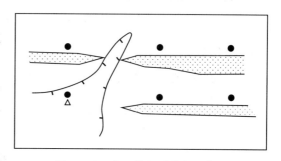

图5-35 尖灭线通过井间示意图

3.4.4 对断层的考虑。

(1)在勾砂岩尖灭线时，不考虑区内断层，因为这些断层在地层沉积时不起控制作用。

(2)当断层两侧均为油层时，勾有效厚度零线可以不考虑断层；当断层一盘为油层，另一盘为水层(或干层)时，有效厚度零线交于断层线上。

3.4.5 对油水边界的考虑：当过渡带的井是一类有效厚度时，零线交于外含油边界；当过渡带的井为二类有效厚度或油水同层时，则零线交于内含油边界。

3.5 校对上墨。

3.5.1 图上提供的各项数据都要一一校对，确保无差错，线条圆滑流畅。

3.5.2 用所示的图例一一校对平面图上有无不符之处，然后上墨。

3.6 标注图名、作图人、审核人、日期、图例(图5-36)。

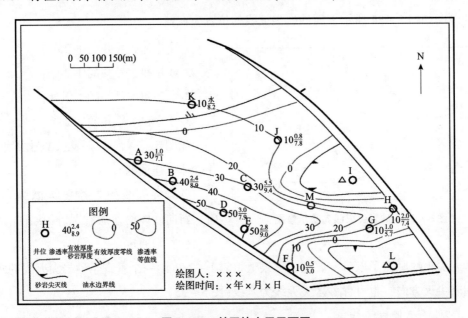

图5-36　某区块小层平面图

4　操作要点

4.1 勾图时要先勾砂岩尖灭线，再勾有效厚度零线，最后勾渗透率等值线。

4.2 图幅美观、清晰、主题突出。井位准确，图上注明的方向与制图时坐标方向一致。

项目二　沉积相带图绘制

1　项目简介

沉积相是指沉积环境及在该环境中形成的沉积岩(沉积物)特征的综合。通过绘制沉积相带图，分析、解释动态开发中的油水运动规律。沉积相带图在河流－三角洲沉积油田高含水期开采，对油藏精细地质描述有着十分重要的作用，是动态分析、注采关系调整及油田后期挖潜的重要图件。

2 操作前准备

2.1 穿戴好劳动保护用品。

2.2 准备工用具：绘图笔、铅笔、直尺、曲线尺、三角板、橡皮等。

2.3 从采油厂（区）地质研究所（队）取得井位底图（要求标有本油层组内外含油边界线和本油层组顶面断层线）。

2.4 沉积单元对比表及相别表或标有沉积单元和相别的单井横向图或沉积单元划分结果数据表。

3 操作步骤

3.1 选择适当的比例尺（包括整个图的比例尺和小剖面的比例尺）。

3.2 按井位图上的井号，画出每口井的沉积单元小剖面（为了横剖面砂体能反映出实际状况，需在横向井排上拉一条线，使小剖面画出来不至于高低不平）。小剖面标注有渗透率、砂岩厚度、有效厚度，若需要也可以画上射孔符号。有有效厚度的层，其层面线用实线表示；只有砂岩厚度、没有有效厚度的层，其层面线用虚线表示（图5－37）。

100　1.0　　　　　80

图5－37 厚度标识示意图

3.3 以横排相邻井对比关系资料进行连线，用铅笔画出剖面上的对比连线。

3.3.1 相同相别的砂体连通为一类连通，其中河床与河床砂体连通，其砂体边缘用弧形封闭形式线表示；河间砂体与河间砂体连通，其砂体用尖状封闭形式表示（图5－38）。

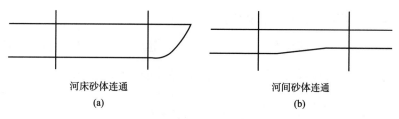

河床砂体连通　　　　　　　　河间砂体连通
　　(a)　　　　　　　　　　　　　(b)

图5－38 相同相别砂体连通

3.3.2 河床砂体与河间砂体连通为二类连通（图5－39）。

3.3.3 不同河床砂体连通为三类连通，这样的砂体顶面高度差别也比较大（图5－40）。

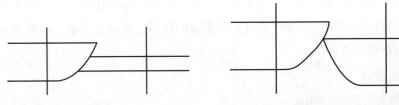

图 5-39　河床与河间砂体二类连通　　图 5-40　不同河床砂体三类连通

3.3.4　叠加型厚砂岩的柱状剖面选用各单元劈分后的实际剖面绘制，被劈分的层面线用虚线表示(图 5-41)。

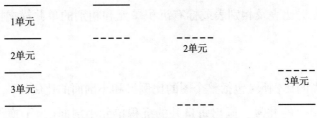

图 5-41　劈分的层面线标识

3.3.5　切叠型厚砂岩的柱状剖面可能为不同单元的公共剖面，内部单元界限用虚线表示。

3.3.6　少数剖面中，会出现局部或全部被上单元切没的现象，此时该井点可用"↓"来表示，该符号叫深切符号，标在井号右侧，在绘制相带图时可把它单独勾出来。

3.4　用铅笔标明相别的符号。

河床砂体用"A"表示，标在井号右侧。

河间砂体或席状砂用"B"表示，标在井号右侧。有的油田还可根据本地区情况把河间砂体或席状砂分为主体席状砂用 B_1 表示，非主体席状砂用 B_2 表示。

砂体尖灭用"△"表示，标在井号下方剖面的位置上。

3.5　按砂体沉积模式勾绘沉积相带图。

3.5.1　把河道砂体，即标有"A"的井点勾在一起(不同河道砂体分开勾绘)。勾绘沉积相带图时要考虑主体砂体的连通情况，不要把主体砂勾得支离破碎。

3.5.2　把尖灭井点勾绘在一起。

3.5.3　勾绘河间砂体，绘图中要考虑到不同沉积环境的砂体模式。

3.6　上述图件每一步骤均要审核一遍，然后上墨。上墨后将铅笔线痕迹擦去。线条粗细搭配要均匀好看、圆滑。

3.7　上颜色。一般来讲，河道砂体颜色为红色，河间砂体为黄色(也有的油田把河间分成主体薄层、非主体薄层砂及表外砂岩，自选颜色)，尖灭区不上色。

3.8 标注图名，图例，绘制人，审核人及日期(图5-42)。

4 操作要点

4.1 沉积相带图画图的关键在于沉积单元的劈分和相别判定。

4.2 在绘制中可以对初期判断过的相别局部进行修改。

4.3 图件绘制要符合现代沉积模式。

4.4 图幅美观、清晰、主题突出。井位准确，图上注明的方向与制图时坐标方向一致。

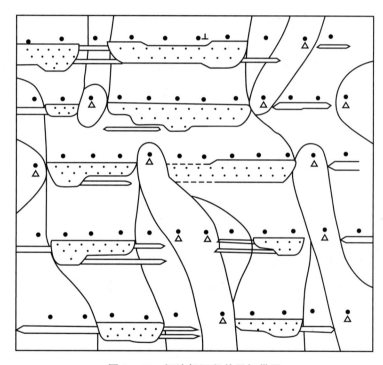

图5-42 河流相沉积单元相带图

项目三 构造剖面图绘制

1 项目简介

构造剖面图是指油田从某一方向的切面上反映油藏构造形态、油层发育状况的垂直断面图，是油田地质工作的重要图件。它主要用地质界线和断层线反映地下构造沿某一方向的形态变化，断层分布、断层性质及断距大小，地层产状变化、厚度变化和地层接触关系等。

2 操作前准备

2.1 穿戴好劳动保护用品。

2.2 准备工用具：A3 米格纸(420mm×297mm)、绘图笔、铅笔、直尺、曲线尺、三角板、橡皮等。

2.3 从采油区资料室或地质研究所收集井位图及井口海拔数据；各井分层厚度数据和岩性、地层接触关系资料；各井含油、气井段数据；各井断点资料；斜井井斜资料(井斜角、井方位角和斜井段长度)等。

3 操作步骤

3.1 选择合适的比例尺绘制构造剖面图，最好纵横比例尺相同，这样画出来的图件逼真不走形。但为了画图方便，对有些井间距离特别小、井又深的油田也可以不一样。

3.2 剖面线的选择，根据作图目的确定。

3.2.1 若是为了反映构造形态，要选择构造横剖面(垂直于构造长轴)穿过构造高点的剖面。另外，还要作一条平行于构造长轴的纵剖面。如果构造复杂，还可以选择其他方向的剖面。

3.2.2 若是为了落实断层，剖面线方向应与断层走向垂直。如果井位条件不允许，与断层斜交也可以，但剖面线与断层走向线的夹角不能太小。

3.3 井位校正。

为了保证作图的精度，将剖面线附近井按照一定规则移动到剖面上的工作称为井位校正。井位校正有以下两种情况：

当剖面线与构造等高线垂直或斜交时，可将剖面附近井沿着等高线延伸方向移动到剖面上去，移位后各标准层的标高应该保持不变，这样才能正确反映地下构造形态(图5-43)。

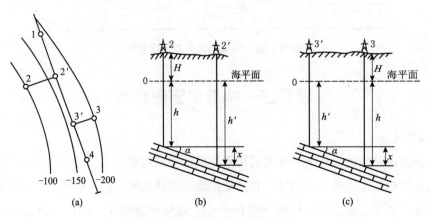

图 5-43 海拔标高校正示意图

当剖面线与构造等高线平行或近于平行时，剖面线两侧附近的井应沿地层倾向投影到剖面线上。校正前后井位标高发生了变化，需进行深度校正。设校正值为 x，L 为井口移动的前后之间的距离，α 为地层倾角，校正公式如式（5 – 6）所示。

$$x = L\tan\alpha \tag{5-6}$$

如果井 2 顺地层倾向投影到剖面线上井 2′ 的位置 [图 5 – 43（a）]，则井 2′ 标准层标高是 $h' = h + x$ [图 5 – 43（b）]。相反，把井 3 逆地层倾向投影到剖面线上井 3′ 的位置，则井 3′ 标准层的标高是 $h' = h - x$ [图 5 – 43（c）]。

3.4　井斜校正。

实际的钻井剖面，不仅定向井的井眼轨迹（井轴线）是倾斜的，直井由于岩性的软硬程度及构造倾角的影响，井眼轨迹也是倾斜的。故选择的井位在地面处于剖面线上，而地下井眼轨迹并不在剖面线所在的垂直断面内，所以作图前还要进行井斜校正。所谓井斜校正，是指把任意断面内的斜井段沿地层走向移动到包含剖面线的断面上去。井斜校正的关键是求出斜井段校正后的长度和井斜角大小。具体校正方法有计算法和图解法两种。

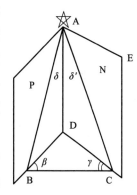

图 5 – 44　海拔标高
校正示意图

3.4.1　计算法井斜校正。如图 5 – 44 所示，设井 A 的斜井段 AB 位于剖面 P 内，井斜角为 δ，地层走向为 BC，包含剖面线 AE 的断面为 N，校正后的井斜角为 δ'、斜井段为 AC。由三角函数关系得式（5 – 6）：

$$\tan\delta' = \tan\delta\,\frac{\sin\beta}{\sin Y} \tag{5-7}$$

$$AC = AB\,\frac{\cos\delta}{\cos\delta'} \tag{5-8}$$

式中　β——地层走向与井斜方位的夹角，（°）；

Y——地层走向与剖面方位的夹角，（°）。

井斜方位角、井斜角、斜井段长度可以由测井资料而得，地层走向可以由基础地质研究得到。

对于斜井，井斜角和井斜方位是沿井身不断变化的，井斜校正时必须将井身分为若干段逐段校正，最后得到整个弯井的校正剖面。

3.4.2　作图法井斜校正。

计算法进行井斜校正比较麻烦，实际工作中一般采用作图法进行井斜校正。作图步骤如图 5 – 45 所示，图 5 – 45（a）是单个斜井段的校正步骤，图 5 – 45（b）表示连续多个斜井段的校正。

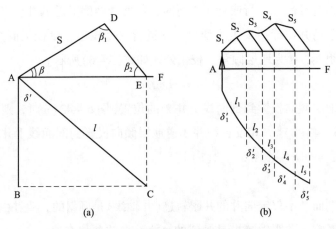

图 5 –45 作图法井斜校正示意图

第一步：以井口 A 点画出一水平直线 AF 代表剖面线。

第二步：由井斜方位角∠β 控制，过 A 点作出斜井段的井斜方位线 AD，并按比例取 AD 的长度等于斜井段(L)在水平面上的投影长度值 S。

S 的计算公式如式(5 –9)所示。

$$S = AD = L \cdot \sin\delta \qquad (5-9)$$

式中　L——斜井段的长度；

　　　δ——井斜角，(°)。

第三步：过 D 点作地层的走向线交于剖面线的 E 点。

第四步：过 E 点作剖面线 AF 的垂线 EC，并按比例取 EC 等于斜井段在铅垂方向的投影值。计算公式如式(5 –10)所示。

$$H = EC = L \cdot \cos\delta \qquad (5-10)$$

第五步：连接 A 点和 C 点，则 AC(l)为斜井段(L)在包含剖面线 AE 的垂直断面的投影，δ′为投影到剖面的井斜角。

第六步：对于全井，重复前面的步骤逐一校正，便可得到校正剖面，如图 5 – 45(b)所示。但应注意，前一段的终点是下一段的起点，铅垂方向的投影值应累加。

3.5　取出准备好的坐标纸，留好图头。画一条与图头平行的直线作为地面海拔线。

3.6　按规定纵横比例尺作井轴线，把该剖面上所有的井完成校正后，都按实际井距的比例尺展布在图上。井轴线要垂直地面海拔线，底深画到钻遇井深位置。然后按所规定的比例尺把所钻遇的地层分层顶界海拔深度标在图上，若该井某个层位的井深部位有断点，那么就把断点数据按其断点海拔深度标在图上，并标上断距数据。

3.7　单井剖面画完以后，把全部井相同层面的点连成层面线。遇到断层线时，其连线要顺势画在断层线上，断点附近的层面线所表示出来的落差要与断距基本符合，断层两盘岩层变化要符合构造变化的总趋势。对不整合接触的地层，其层面线用波浪线表示。正断层上盘下降，下盘相对抬升；逆断层上盘上升，下盘相对下降。

3.8　在剖面上组合断层，根据已知资料把属于同一断层的断点用稍粗点的线连起来，线条要圆滑(图5-46)。

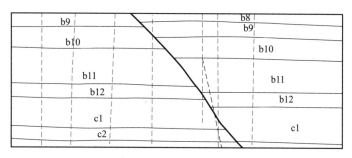

图5-46　断点连接示意图

对剖面上的断层线顶底端的处理有两种方法：

(1)顺势沿到所画构造剖面的底界或井底。

(2)根据层位落差判断到某层中间，即断层线底端延伸到没有层位落差的层与上层中间部位。

3.9　在该剖面图的两端均按海拔深度标上比例尺刻度，在两端井间写上各个层的层号(可用地层或油层代号编号)。若剖面较长，在中间也应标上层号。

3.10　审核完上墨，要求干净、清晰。

3.11　签署作图人、审核人、日期、图名(图5-47)。

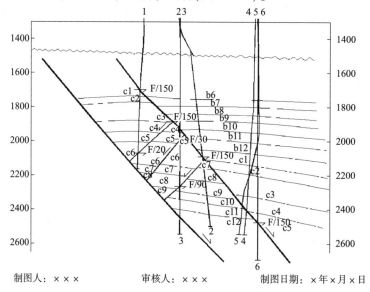

制图人：×××　　　审核人：×××　　　制图日期：×年×月×日

图5-47　某油气田构造剖面图

4 操作要点

4.1 比例尺的选择一般情况下可以和油田地质图、构造图比例尺相同，也可以根据实际情况适当放大。

4.2 构造剖面图主要用来分析断层，注水开发中油水运动是否受断层阻挡。还可以预测井间断点，对井位部署相当重要。因此断层走向、断距大小一定要认真落实，绘制准确。

4.3 剖面线方向尽可能垂直或平行于地层走向，以便能真实地反映地层倾角和厚度等地下地质构造情况；剖面线尽可能地通过较多的井数，以便提高剖面图的精度和可靠程度；剖面应尽量均匀分布在整个构造区域，以便全面了解油气田地下构造特征。

4.4 断层组合方法：先在剖面上按照相同层的层位落差把最近井的断点连成线，通过相邻剖面，把属于同一断层的线连成面。断层组合比较复杂的，要经过几次反复，最后要使构造图、构造剖面图、断层面图，三项对口才能确定。

4.5 图幅美观、清晰、主题突出。井位准确，图上注明的方向与制图时坐标方向一致。

项目四　油层栅状连通图绘制

1 项目简介

油层栅状连通图是油层剖面图和平面图组合而成的一种示意图，反映油水井砂体变化的立体图件。根据小层数据和井位图绘制油层栅状连通图。

2 操作前准备

2.1 穿戴好劳动保护用品。

2.2 准备工用具：绘图纸（350mm×250mm 米格纸）、绘图笔（或彩色铅笔 12 色）、铅笔（2H）、直尺、三角板、橡皮等。

2.3 从采油区资料室或地质研究所收集相关图件所需油水井小层数据表、井位图、油层对比表。

3 操作步骤

3.1 确定栅状图的井号，井距，纵、横向比例尺。

3.2 按井的排列，从上到下画好基线及井轴线。

3.3 绘出各井间的柱形图，画小剖面。

3.3.1 作图时先用铅笔绘出井柱，各井柱的相对位置尽量安排得与油田构造图或井位图上井位相当。

3.3.2 各井小层的数据，用小层数据表中自然分层的小层数据，也可用横向剖面图上标注的自然层数据。

3.3.3 井柱中间标出深度标格。

3.3.4　在井柱上画小剖面，右侧标出小层号、砂层厚度、有效厚度，在井柱左侧标出小层渗透率。

3.4　画井间小层连线。连线时注意以下几点。

3.4.1　一口井和周围井连线，不宜关系太多。如果各个方向都连线，会造成油层交错频繁，眼花缭乱，反而看不清楚。油井与油井连通或油井与水井成排连通，每口井最好只与相邻四口井连线，左右成排连线，前后成斜行连线，构成菱形网。

3.4.2　连线应有顺序。注意先连下前排井，然后向左上角连线，再向右上角连线。依次再连第二排井，向左上角、向右上角连线。后连的线与已连过的线相遇处即断开，避免交叉，这样可以层次分明，有立体感。

3.4.3　连线要分几种情况(与剖面图相同)：

(1)凡是两口井小层号正好对应的，可直接连线；凡是本井为一个小层，而邻井为两个以上小层的，则可在两井中间画夹层尖灭线分成支层连线过去。

(2)凡是本井有几个小层而在某方向与邻井合成一个层的，则在两井中间画夹层尖灭线合成一层连过去。

(3)凡是本井有油层而在某方向邻井尖灭的，则在该方向上不连线。

(4)凡是两井小层号可以对应，中间被断层隔开的，则在两井连线中间用断层符号隔开。

(5)凡是本井为油层，而邻井为砂层或二类油层的则在靠近本井的一段连实线，而靠近邻井的一段连虚线。

(6)凡是本井为油层，而邻井为水层或油水同层的，则照样连实线。

3.5　标出井类别符号及射孔符号。

在本井顶端下方用符号标明井类别，如注水井，生产井、观察井等，对已经射孔的层段画出射孔符号。射孔符号在井轴线的左侧，用一条稍粗点的黑线表示，同剖面图一样。

3.6　上墨染色。

将铅笔线条、字上墨，上墨前先清图，即把不必要的铅笔线擦掉，图面上没有任何余物。

渗透率上色一般分5个级别，每个级别的数值界线，根据不同地区，不同油层的特点来确定。对不同渗透率的油层、干层、二类油层和水层涂成不同彩色，一般情况下特高渗透率涂成红色，中渗透层涂成橘黄色，特低渗透层和二类油层涂黄色，水层涂成浅蓝色，干层不涂色，油水同层上部按油层渗透率级别涂色，下部按水层涂色。

还有一种区别渗透率的方法是不同符号区分渗透率级别。特高渗透率层用较大圆圈表示，高渗透率用较小圆圈表示，中渗透层用与高渗透层直径相同的圆圈内加小黑点表示。这一方法目前基本不用了，主要是为了提醒大家看图时使用。

3.7　图上标上图例、制图人、审核人、日期、图头等(图5-48)。

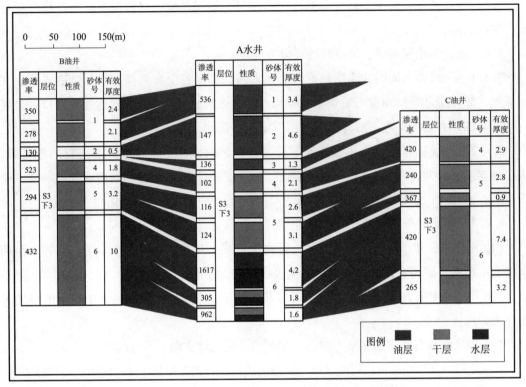

制图人：×××　　　审核人：×××　　　　　　　　　　制图时间：××年×月×日

图 5 –48　×××油层栅状连通图

4　操作要点

4.1　绘图前小层数据连通情况要对比清楚。

4.2　比例尺选择要合理。柱状图的油层厚度或砂层厚度要按比例画。一般情况下带有效厚度的层其上下层面线用实线表示，只有砂岩厚度而没有有效厚度的层其上下层面线用虚线表示。为了使图面紧凑，隔层厚度不必按比例画，油层组隔层可画得厚一些，小层间隔的隔层厚度可画得薄些，能看清楚、图面美观即可。

4.3　图幅清晰，简洁明了。

4.4　绘图时应认真小心，正确使用色笔，避免颜色用错。

项目五　开采现状图绘制

1　项目简介

开采现状图又称开采形势图，是反映某一区块某一时间油水井生产现状的一种动态图幅。能直观反应生产现状及产量、含水变化情况；平面上能直接反映动用状况；分析井组注水效果，分析潜力区，为下步调整或措施提供依据。

2　操作前准备

2.1　穿戴好劳动保护用品。

2.2　准备工用具：井位图、绘图笔(或彩色铅笔12色)、铅笔、直尺、三角板、橡皮、圆规。

2.3　从采油区资料室或地质研究所收集、整理油水井生产数据，包括采油井的日产液、日产油、含水率和注水井的注水压力、日注水量。

3　操作步骤

3.1　绘制采油井现状图。

3.1.1　用圆规在井区井位图上以油井井圈中心为圆心，以该井日产液量为半径(视图幅大小选择合适的半径长)画圆。

3.1.2　用直尺连接一条向正上方的半径，用量角器顺时针方向量取一个与此半径的夹角，此夹角的大小为3.6°与该井点含水率的乘积。

3.1.3　确定后用直尺连接起这条半径。在扇形面积内画上阴影或涂以颜色，即代表的就是这口井的日产油量，剩余面积则代表日产水量。

3.2　绘制注水井现状图。

以注水井圈中心为起点，向正上方引一条线，以此线为中轴线，以合适的宽度画一向上的矩形，矩形的长度视日注水量大小而确定相应比例。

3.3　图上标注图头、图例、制图人、审核人、日期等(图5-49)。

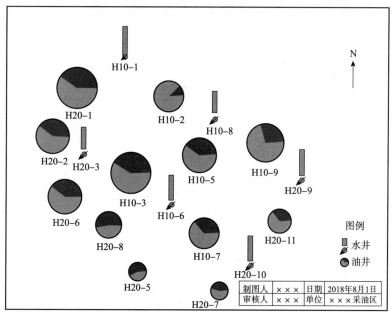

图5-49　×××开采现状图

4 操作要点

4.1 在选取半径时,要选择合理(要参照一下该区的油井日产液的最大值和最小值,选取一个合理比例尺)。

4.2 注水井矩形长度(要参照一下该区的注水井注水量最大值、最小值,选取一个合理比例尺)。

4.3 图幅清晰,简洁明了。

4.4 绘图时应认真小心,正确使用色笔,避免颜色用错。

项目六 油层水淹状况图绘制

1 项目简介

水淹图即油层含水率等值线图,是一种直观表达储层水驱动用状况、水淹程度的地质图件。水淹图的绘制是在大量的静态、动态研究工作基础上进行的,即以地质研究为基础,以油藏渗流规律为依据,以油藏动态分析为手段,综合应用各种资料进行编绘。用于研究剩余油分布规律,评价油田开发效果,分析油田开发中存在的主要问题及潜力方向,指导开展注采井组与注采单元的注采调整与开发调整工作。

2 操作前准备

2.1 穿戴好劳动保护用品。

2.2 准备工用具:绘图笔(或彩色铅笔12色)、铅笔、直尺、三角板、橡皮。

2.3 从采油区资料室或地质研究所收集相关图件所需的资料、数据。

2.3.1 油层构造井位图或小层平面图一张。

2.3.2 绘图区井(层)含水率资料(表5-4)。

表5-4 沙三上层数据表

井号	砂岩厚度/m	有效厚度/m	含水率/%	井号	砂岩厚度/m	有效厚度/m	含水率/%
H1	8.3	4.9	53	H11	10.5	6.2	80
H2	10.3	5.9	72	H12	7.5	3.4	注水井
H3	11.2	6.1	80	H13	9.8	5.6	79
H4	9.6	4.2	66	H14	9.3	5.2	64
H5	8.8	3.5	66	H15	9.4	4	44
H6	9.3	5	注水井	H16	尖灭		
H7	9.8	5.5	80	H17	7.8	3.6	61
H8	10.3	6	75	H18	9.5	4.6	39
H9	9.4	5.6	注水井	H19	尖灭		
H10	11.5	6.6	92	H20	5.3	3	31

3　操作步骤

3.1　选择制图标准层。选择适当的小层构造井位图或小层平面图(图5-50)。

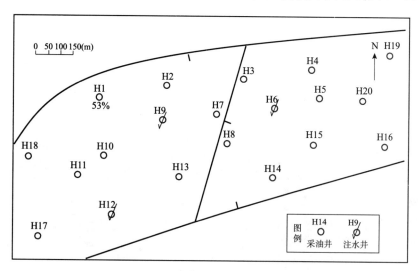

图5-50　某油田沙三上井位示意图

3.2　在各井位旁填上本井含水率的数值。

3.3　确定含水率等值线间距。

3.4　标注数据。用三角形内插法取含水率等值线通过点，它们是含水率等值线间距的倍数。如选取间距为10%时，等值线通过的点就是30%、40%、50%、60%、70%(图5-51)。

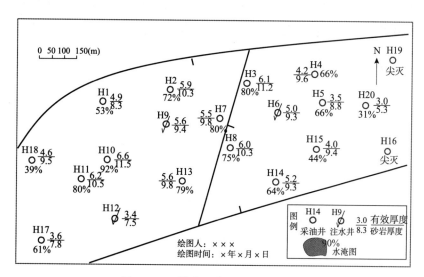

图5-51　某油田沙三上井位示意图

3.5　连三角网系统。用圆滑的曲线连接含水率数值相同的点并用不同的颜色将各级含水率区域着色，得到含水率等值图即水淹图。

3.6 校正线条，上墨，清图。

3.7 制图人、审核人签名，并标明制图时间、图例(图5－52)。

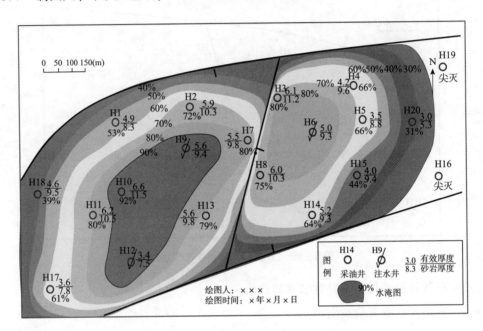

图5－52 某油田沙三上水淹图

4 操作要点

4.1 在连接三角形时注意，构造不同翼上的点和位于断层两盘的点不能相接。

4.2 图幅美观、清晰、主题突出。井位准确，图上注明的方向与制图时坐标方向一致。

单元六　采油地质分析

模块一　基础分析

项目一　抽油机井理论示功图解释

1　项目简介

理论示功图是指在理想情况下，只考虑悬点所承受的静载荷及由于静载荷引起的杆管弹性变形，而不考虑其他因素的影响，所绘制的示功图。其目的就是与实测示功图比较，找出载荷变化差异，从而判断深井泵、抽油杆、油管的工作状况及油层供液情况。

2　操作前准备

2.1　穿戴好劳动保护用品。

2.2　准备工用具：绘图纸、绘图笔、铅笔、直尺、三角板、橡皮等。

2.3　抽油机深井泵工作参数(冲程)。

3　操作步骤

3.1　根据所给工作参数先绘制一个理论示功图(图 6－1)(绘制方法参考第五单元模块二项目七　理论示功图绘制)。

3.2　标出上、下死点位置(A、C 点)。

3.3　标出并计算悬点最大、最小载荷和作用于活塞面积上的液柱载荷(计算方法及绘制方法参考第五单元模块二项目七)。

3.4　标出增载线 *AB*、卸载线 *CD* 和上负荷线 *BC*、下负荷线 *AD*。

3.5　标出增载终止点、卸载终止点。

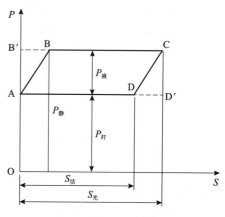

图 6－1　理论示功图

3.6 标出并计算光杆冲程、活塞冲程和冲程损失。

3.7 标出抽油泵做功面积。

3.8 具体解释如下：

在抽油机理论示功图中，A点表示下死点位置，此时固定阀关闭，游动阀打开，光杆只承受抽油杆柱在井内液体中的质量。当光杆开始上行时，游动阀立即关闭，活塞以上液柱质量从油管转移到抽油杆上。这时，抽油杆柱因增载伸长，油管柱因减载缩短，活塞相对泵筒来说没有运动，$B'B$线的长度表示抽油杆柱伸长和油管柱缩短值——即冲程损失。AB线表示光杆负荷增加的过程，称为增载线。因为在活塞运动之前，光杆负荷的增加与抽油杆柱的伸长成正比，所以增载线呈斜直线上升，到B点增载完，活塞开始上行，固定阀打开，井内液体进入泵筒。活塞上行到C点即上死点，光杆负荷为抽油杆柱在液体中的质量与活塞以上的液柱质量之和，并保持不变。因此，BC线是一水平直线，称为上行负荷线。

当抽油机驴头从上死点C开始下行时，固定阀关闭，游动阀打开，活塞以上液柱质量从抽油杆上转移到油管柱上。这时，抽油杆柱因减载缩短，油管因增载而伸长，活塞相对泵筒来说没有运动，DD'线长度表示冲程损失。AB线表示光杆负荷增加的过程，CD表示光杆负荷减少的过程，称为减载线。因为在活塞运动之前，光杆负荷的减少与抽油杆柱的缩短成正比，所以减载线呈斜直线下降，到D点减载完，活塞开始下行，游动阀完全打开直到A点，这一过程光杆只承受抽油杆柱在液体中的质量。因此，AD线是一水平直线，称为下行负荷线。

$ABCD$图形为理论示功图，它所圈闭的面积表示抽油泵一个冲程内所做的功。

4 操作要点

4.1 理论示功图是在理想状态下深井泵工作示意图。

4.2 解释泵工作过程要清晰。

项目二 抽油机井典型实测示功图分析

1 项目简介

实测示功图能够反映抽油机井深井泵工作状况的好坏，通过分析抽油机井典型实测示功图判断抽油机井深井泵工作状况，提出下步合理建议。

2 操作前准备

2.1 穿戴好劳动保护用品。

2.2 准备工用具：铅笔、直尺、记录本、计算器等。

2.3 从采油区或测试队收集分析所需相关资料。

2.3.1 实测典型示功图一组。

2.3.2 收集测试井工作参数及产量资料，包括日产液量、含水、动液面、泵径、泵挂深度及冲程、冲次等。

2.3.3　收集测试井的原油分析、水分析等资料(原油密度、原油黏度、矿化度等)以及该井出砂情况。

3　分析步骤

3.1　正常功图。

特点:抽油泵工作正常,同时受其他因素影响较小时所测的示功图,形状与理论示功图差异不大,为近似的平行四边形(图6-2)。

3.2　连喷带抽。

特点:具有一定自喷能力的油井,抽油实际上只起诱喷和助喷作用,在抽油过程中,固定和游动阀处于同时打开状态,液柱载荷基本加不到悬点,示功图的位置和载荷的变化大小取决于喷势的强弱及抽汲液体的黏度(图6-3)。

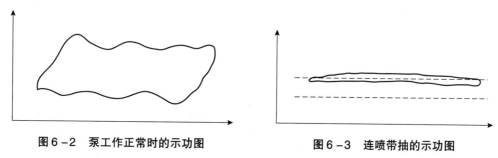

图6-2　泵工作正常时的示功图　　　　图6-3　连喷带抽的示功图

3.3　固定阀漏失。

特点:增载线比卸载线陡,图形的左下角变圆,右上角变尖,而且漏失越严重,图形的左下角愈圆,右上角愈尖(图6-4)。

整改措施建议:①可以首先采取碰泵、洗井等措施,如果没有效果,再进行作业检泵;②现场可以通过油井憋压、测量电流等方法判断泵的漏失情况。

3.4　游动阀漏失。

特点:卸载线比增载线陡,图形的左下角变尖,右上角变圆。当漏失特别严重时,增载线、卸载线和最大载荷线便构成了一条向下方弯曲的圆滑弧线(图6-5)。

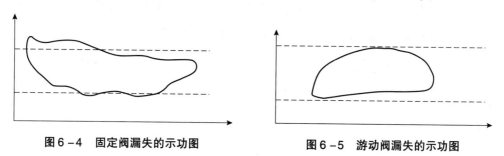

图6-4　固定阀漏失的示功图　　　　图6-5　游动阀漏失的示功图

整改措施建议:①可以首先采取碰泵、洗井等措施,如果没有效果,再进行作业检泵；②现场可以通过油井憋压、测量电流等方法判断泵的漏失情况。

3.5 双阀漏失。

特点：四角消失，中间粗；两头尖，形如梭状（图6-6）。

整改措施建议：①可以首先采取碰泵、洗井等措施，如果没有效果，再进行作业检泵；②现场可以通过油井憋压、测量电流等方法判断泵的漏失情况。

3.6 抽油杆断脱。

特点：抽油杆断脱时，光杆只承受断裂上部抽油杆在液体的重力，因而示功图形呈长条形，长条图形在坐标轴的位置越靠上，表示断脱位置越靠近抽油杆的下部。抽油杆断脱时，产液量为零（图6-7）。

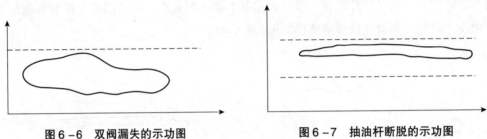

图6-6 双阀漏失的示功图　　　　　图6-7 抽油杆断脱的示功图

整改措施建议：①如果抽油杆断脱位置在距井口60m以内，可以进行对扣操作，若失败，再进行作业；②如果抽油杆断脱位置在距井口60m以下，直接作业扶躺。

3.7 油井结蜡。

特点：油井结蜡造成机抽时上下行程阻力大，实测图形存在上下载荷线均偏离理论载荷线现象，结蜡严重的井，不论是深井或浅井，只要结蜡就有增载的特征（图6-8）。

整改措施建议：①可以采取热洗清蜡，要求排量由小到大，温度由低到高，油井出口温度应达到50℃以上；②也可以采用套管加化学药剂清蜡；③如果以上措施均无效，就需通过作业检泵达到清蜡的目的；④对易结蜡的井应制定合理的单井管理措施，如合理热洗周期和加药适量等，并严格按周期实施，确保油井正常生产。

3.8 气体影响。

特点：由于在下冲程末余隙内还残存一定数量的气体，上冲程开始后，泵内压力因气体膨胀而无法很快降低，使固定阀滞后打开，卸载变慢，示功图右下角呈"刀把"形（图6-9）。

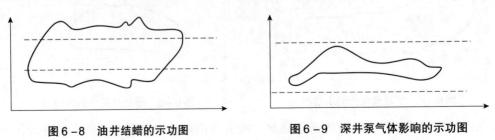

图6-8 油井结蜡的示功图　　　　　图6-9 深井泵气体影响的示功图

整改措施建议：①根据油井生产现状，合理控制套压，使抽油机井沉没度保持在300～500m；②对发生气锁的井进行作业恢复。

3.9　供液不足。

特点：下冲程中悬点载荷不能立即变小，只有当活塞接触到液面时才迅速卸载，所以卸载线较气体影响的卸载线陡而直(图6-10)。

整改措施建议：①对地层能量不足的井，要选择合理的工作制度，如调小生产参数，换小泵，也可采取间隙抽油的管理方式；②根据油层实际条件，也可以采取压裂或酸化油层，提高油层供液能力的方法。

3.10　油管漏失。

特点：产量明显减少或不出油，图形面积减小，减少的面积与正常示功图的面积是平行减少，最大载荷线下降，最小载荷线不变(图6-11)。

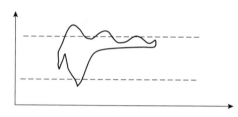

图6-10　油井供液不足的示功图

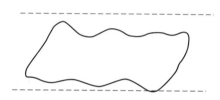

图6-11　油管漏失的示功图

整改措施建议：①轻微漏失或者漏失点在上部时可以采取关闭套管闸门憋套管气将液面压到漏失点以下，要在一定程度上减少产量下降的幅度；②油管漏失严重时需检泵恢复。

3.11　油井出砂。

特点：受出砂影响的示功图上出现明显"小牙齿"形的不规则齿状，深井泵寿命短，免修期短。该示功图是不出油的，固定阀被砂卡死在罩内，进油部位砂堵(图6-12)。

整改措施建议：①油层出砂造成轻微漏失或卡泵，可以进行碰泵或大排量洗井，将砂循环带出井筒。如果无效，再进行作业检泵冲砂；②对出砂井应选择合理的工作制度，停机时应停在接近上死点的位置；③出砂井放套管气等操作时，必须平稳操作，以防止油层受到振动，出砂井一般不允许长时间停机；④对因出砂造成光杆少部分下不去时，可

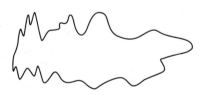

图6-12　油井出砂的示功图

以采取上提解卡操作，活动1h左右后，调好防冲距，就可恢复正常。

4　操作要点

4.1　分析示功图时，与该井的生产现状、历史生产情况等资料相结合，更能准确地

分析示功图并提出下步措施。

4.2 测出的示功图资料真实准确。

4.3 除了部分突发状况（抽油杆断脱、油管破裂等），油井的生产状况都是逐渐变化的，因此最好在一段时间内提取多次示功图，方便比对油井变化情况和变化规律。

项目三 电泵井电流卡片分析

1 项目简介

电泵井电流卡片是指用来记录电潜泵电流变化曲线的圆形卡片，是分析井下机组工作状况的主要依据。学习掌握电流卡片的分析方法以提出下步措施。

2 操作前准备

2.1 穿戴好劳动保护用品。

2.2 准备电泵井电流卡数张（最少一张正常卡片），以及相关油井生产数据、原油物性资料。

3 操作步骤

3.1 将要分析的卡片与正常的电流卡片对比分析，常见卡片问题有：

3.1.1 正常运行时的电流卡片。正常运行时，卡片上画出的是一条等于或近似于电动机额定电流值的圆滑、均称曲线（图6－13）。

3.1.2 电源电压波动电流卡片。电流曲线上出现"钉子"状突变，就是电压波动的反映（图6－14）。

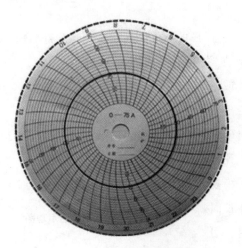

图6－13 正常运行时的电流卡片

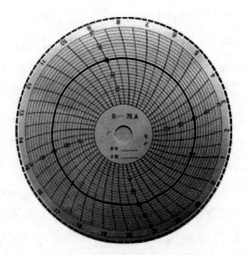

图6－14 电源电压波动的电流卡片

产生原因：供电线路上大功率柱塞泵突然启动而引起的电压瞬时下降；附近抽油机多口井同时启动；雷击现象等。

解决方法：在大面积停电来电后，等其他设备启动后再启动电泵；电泵安装避雷器。

3.1.3 欠载停机。电流曲线表示油井供液不足，电泵运行一段时间后，因抽空欠载而自动停机，曲线中的周期性启动是由自动控制实现的(图6-15)。

欠载停机原因：井液密度过低；产液量小，选泵不合理；延时继电器或欠载继电器部分出现故障；电泵运行电流值小于欠载电流整定值所导致；泵轴断或花键套脱离等。

解决方法：检修延时继电器或欠载继电器；更换与该井相匹配的机组；改变采油方式，改选其他采油方法，对于泵故障应起泵检查并更换机组。

3.1.4 过载停机电流卡片。该电流曲线表示电泵启动并正常运行一段时间后由于受井下不正常因素的影响，工作电流不断上升，当电流增加到过载保护电流时，过载保护装置动作而自动停泵(图6-16)。

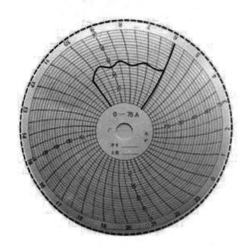 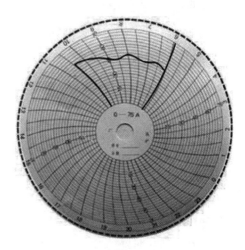

图6-15 欠载停机的电流卡片　　　图6-16 过载停机的电流卡片

过载停机原因：井液密度、黏度的增加；洗井不彻底，井内有杂质；油管或地面管线结蜡；雷击造成缺相；机组本身故障(机械磨损电动机过热等)。

解决方法：正常过载停机应进行洗井；下泵前冲砂同时对出砂井要考虑上提机组；定期清蜡或热洗地面管线；查明原因处理缺相；更换机组。

3.1.5 气体影响电流卡片。卡片上的曲线呈锯齿状，曲线呈小范围波动，说明井液中含有较多气体(图6-17)。

产生的原因：电流波动是由于井液中含有游离气体而造成电流不稳定，这种情况不仅造成排量效率低，而且也容易烧坏电机；另外可能是泵内的液体被气体乳化而引起的。

解决方法：泵吸入口加气锚或旋转式油气分离器；合理控制套管气；保证机组合理的

沉没度；井液中加破乳剂。

3.1.6 泵发生气塞时的电流卡片。该卡片表现为电动潜油泵刚启动，此时沉没度比较高，运行电流比较平稳，但产量和电流都因液面的下降而逐渐减小，然后因气体分离出来，电流出现上下波动，波动幅度随时间的延长越来越大，当液面接近泵的吸入口，电流波动最大，直到因气锁抽空而欠载停泵(图6-18)。

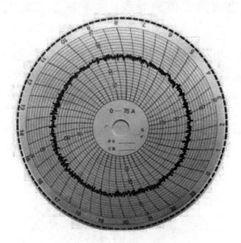 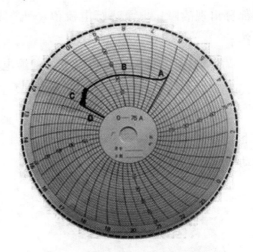

图6-17 气体影响的电流卡片　　　　图6-18 泵发生气塞的电流卡片

产生的原因：电动潜油泵在运行过程中由于某些因素影响，井液中大量气体进入泵内，造成因气锁抽空，导致欠载停泵。

解决方法：采取防止气体进入泵的措施；缩小油嘴；间歇生产；提供与供液能力相匹配的机组等。

4 操作要点

4.1 分析判断时要结合该井工作状况，产量情况。

4.2 分析时要抓住主要因素，提出合理措施。

项目四　采油井合理生产参数选择

1 项目简介

采油井生产参数包括深井泵泵深、泵径、冲程、冲次等，生产参数是否合理影响采油井生产效果。选择合理生产参数使采油井达到最佳生产效果。

2 操作前准备

2.1 穿戴好劳动保护用品。

2.2 准备工用具：稿纸(若干)、钢笔、铅笔、橡皮、计算器等。

2.3 从采油区或地质研究所收集分析所需相关资料，包括采油井井位图、注采连通图、采油井生产数据、采油井生产参数。

3　操作步骤

3.1　整理采油井基础资料，掌握采油井基本开发概况，包括注采井井网及开发方式、采油井的生产层位、连通状况等。

3.2　整理采油井目前生产资料，包括工作参数(泵深、泵径、冲程、冲次)、日产液、日产油、含水、动液面、实测示功图。

3.3　评价采油井目前生产情况。

3.3.1　计算泵效，根据目前工作参数和日产液量计算该井泵效。

3.3.2　计算沉没度，根据泵深和动液面计算沉没度。

3.3.3　分析实测示功图。

3.3.4　指出采油井目前生产参数与目前生产状况的协调关系，并分析主要影响因素。通常有两种情况：①产液量低，泵效低，沉没度小，实测示功图供液不足；②沉没度大，产液量高供液能力足，实测示功图正常。

3.4　提出下步建议：针对生产目的，结合生产实际提出优化采油井生产参数的建议。针对产液量低、沉没度小供液不足的井可以上调冲次或泵加深等；供液量充足、动液面高的井可以换大泵。

4　操作要点

4.1　基础资料准备齐全。

4.2　在选择工作参数时要综合考虑油井所在区块的其他情况，比如大泵提液后没有对应水井补充能量，后期也会出现供液不足的现象；对于供液不足的井同时也要考虑完善注采井网。

项目五　注水井指示曲线分析

1　项目简介

注水井指示曲线，是在稳定流动条件下，注水压力与注水量之间的关系曲线。利用注水井的注水指示曲线分析油层吸水指数变化；对比分析不同时间内所测得的曲线，就可以了解注水井的工作状况。

2　操作前准备

2.1　穿戴好劳动保护用品。

2.2　准备工用具：250mm×350mm 的坐标纸、铅笔、橡皮、直尺或三角板等。

2.3　从测试队和采油区收集分析所需相关资料，包括注水井测试成果表、注水压力资料(泵压、油压、套压)、原始测试成果表以及本井的分层和日常注水情况。

3 操作步骤

3.1 应用测试成果表绘制出(本次及上次)测试的注水指示曲线(具体绘制方法参照第五单元项目三 水井注水指示曲线绘制)。

3.2 给本次测试的注水指示曲线和上一次正常指示曲线标号。上次正常曲线标曲线Ⅰ,本次测试标曲线Ⅱ。

3.3 对曲线Ⅰ和曲线Ⅱ进行比较。

3.4 判断注水井油层吸水能力变化。

3.4.1 指示曲线右移,斜率变小,油层吸水能力增强,吸水指数变大。

如图6–19所示,曲线Ⅰ为以前测试所得正常的指示曲线,曲线Ⅱ为检查所测的指示曲线,对比同一注水压力下注水量的变化可知,在同一注水压力P的注水量$Q_{Ⅱ} > Q_{Ⅰ}$,同一注水压力下的注水量得到提高,即地层的吸水能力在变好。

3.4.2 指示曲线左移,斜率变大,说明吸水能力下降,吸水指数变小。

如图6–20可知,对比同一注水压力的注水量由原来的注水量$Q_{Ⅰ}$下降为注水量$Q_{Ⅱ}$,即$Q_{Ⅱ} < Q_{Ⅰ}$,同一注水压力下的注水量降低,即地层的吸水能力在变差。

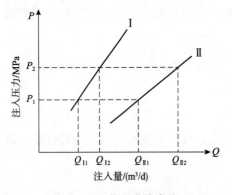

图6–19 指示曲线右移

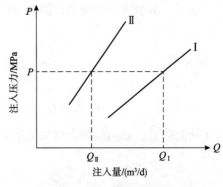

图6–20 指示曲线左移

3.4.3 指示曲线平行上移,斜率未变,说明地层吸水指数未变,注水层的地层压力提高。

如图6–21可知,对比同一注水量下注水压力增高,即$P_{Ⅰ} < P_{Ⅱ}$,由于地层吸水指数未变,要达到相同的注水量,只有提高注水压力,因此,指示曲线平行上移时,地层吸水指数未变,表明注水层的地层压力升高。

3.4.4 指示曲线平行下移,斜率未变,说明地层吸水指数未变,注水层的地层压力下降。

如图6–22可知,对比同一注水量所需的注水压力下降,即$P_{Ⅰ} > P_{Ⅱ}$,由于地层吸水指数未变,相同的注水量,地层注水压力却下降,一般在压裂、酸化等增注措施后出现这种情况。

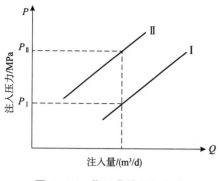

图 6 - 21　指示曲线平行上移

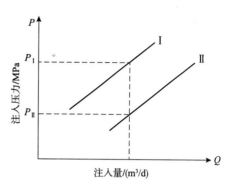

图 6 - 22　指示曲线平行下移

3.5　分析注水井工作状况。

3.5.1　封隔器失效，指示曲线表现为油套管压力平衡，注水量上升，注水压力不变（或下降）。

（1）第一级封隔器失效的判断：正注时，油管压力与套管压力平衡；或注水量突然增加，油管压力下降，套管压力上升，合注时，油、套压平衡，改正注后，套压随油压变化而变化。

（2）第一级以下各级封隔器密封情况的判断：多级封隔器一级以下，若有一级不密封则油压下降（或稳定），套压不变，注水量上升，如果要判断是哪一级不密封，则要通过分层测试来验证。

3.5.2　水嘴堵塞。表现为注水量下降或注不进水，指示曲线向压力轴方向偏移（图 6 - 23）。

3.5.3　水嘴刺大，水嘴孔眼是逐渐被刺大的，短时间内在指示曲线上没有明显反映，但时间较长后，历次所测曲线有逐渐向水量轴偏移的趋势（图 6 - 24）。

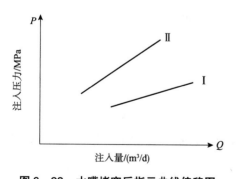

图 6 - 23　水嘴堵塞后指示曲线偏移图

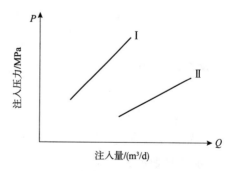

图 6 - 24　水嘴刺大后指示曲线偏移图

3.5.4　水嘴掉落。水嘴掉后，全井注水量突然升高，层段指示曲线明显向水量轴偏移（图 6 - 25）。

3.5.5　底部阀不密封。底部阀不密封使油、套管没有压差，注水量显著上升，指示曲线大幅度向水量轴方向偏移(图6-26)。

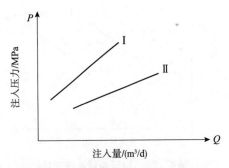

图6-25　水嘴掉落后指示曲线偏移图　　　图6-26　底部阀不密封指示曲线偏移图

4　操作要点

4.1　检查测试成果数据，保证测试成果与上次是有可对比性，例如注水层位要一样等。

4.2　绘制的指示曲线真实准确规范。

4.3　用指示曲线分析判断油层吸水能力变化时，同时要考虑该井是否采取过什么措施。

4.4　用指示曲线分析判断井下配水工具的工作状况，应结合管柱图，油、套压和注水量变化等情况进行综合分析判断。

4.5　由于水嘴刺大一般是逐渐被刺大的，所以，判断水嘴刺大时，应用多次测试的指示曲线进行对比、分析。

项目六　注水井措施分析

1　项目简介

在油田注水开发过程中，为提高油田采收率，增加产能，对注水井提出调整措施。分析现阶段注水井措施，为油田增产提出下步建议对策。

2　操作前准备

2.1　穿戴好劳动保护用品。

2.2　准备工用具：稿纸(若干)、钢笔、铅笔、橡皮、计算器等。

2.3　从采油区或地质研究所收集分析所需相关资料，包括注水井井位图、注采连通图、注水井生产数据。

3　操作步骤

3.1　整理注水井基础资料，掌握注水井基本开发概况。包括注采井井网及开发方式、注采井的生产层位、连通状况等。

3.2　整理注、采井目前生产资料，了解开发现状。

3.2.1　注水井资料：注水压力、日注水量、累计注水量。

3.2.2　采油井资料：日产液、日产油、含水、动液面、累计产油量、累计产水量等。

3.3　对比注水井各项开发指标(表6-1)。

表 6-1　××注水井主要开发指标对比表

项目	注水压力/MPa	日注水量/m³	日产液/t	日产油/t	含水/%	动液面/m
阶段初						
阶段末						
对比						

3.4　确定注水井开发阶段。

根据注水井上措施的时间划分为方案调整前、方案调整后两个阶段。

3.5　分析评价措施效果。

3.5.1　措施目的。

3.5.2　分析对比措施效果。

3.5.3　查找影响措施效果的因素。

3.6　提出下步建议：提出本井及邻井合理措施。

4　操作要点

4.1　基础资料准备齐全。

4.2　开发指标对比选值要合理，措施前后要选取正常工况时生产数据才具有可对比性。

4.3　对比选取邻井的层位要和分析井的一致。

项目七　采油井措施分析

1　项目简介

油田不同的开发阶段，会对采油井采取不同的调整、挖潜措施。该项目是对各开发阶段采油井措施进行分析，为油田增产提出下步对策。

2　操作前准备

2.1　穿戴好劳动保护用品。

2.2　准备工用具：稿纸(若干)、钢笔、铅笔、橡皮、计算器等。

2.3　从采油区或地质研究所收集分析所需相关资料，包括采油井井位图、注采连通图、采油井生产数据。

3 操作步骤

3.1 整理采油井基础资料，掌握采油井基本开发概况，包括注采井井网及开发方式、采油井的生产层位、连通状况等。

3.2 整理注、采井目前生产资料，了解开发现状。

3.2.1 注水井资料：注水压力、日注水量、累计注水量。

3.2.2 采油井资料：日产液、日产油、含水、动液面、累计产油量、累计产水量等。

3.3 对比采油井各项开发指标。

如表6-2所示，对比采油井日产液、日产油、含水、对应注水井注水压力、日注水量等变化情况。

表6-2　××采油井主要开发指标对比表

项目	采油井				对应水井	
	日产液/t	日产油/t	含水/%	动液面/m	注水压力/MPa	日注水量/m³
措施后						
措施后						
对比						

3.4 确定采油井开发阶段。

根据对比采油井的各项主要开发指标变化情况，确定采油井所处开发阶段。

3.4.1 根据日产油变化趋势划分为产量上升阶段、产量下降阶段和产量平稳阶段。

3.4.2 根据油井采取的措施时间划分为措施前、措施后两个阶段。

3.5 分析评价措施效果。

3.5.1 明确措施目的。

3.5.2 分析对比措施效果。

3.5.3 查找影响效果的因素。

3.6 提出下步建议：即本井及邻井合理措施。

4 操作要点

4.1 基础资料准备齐全。

4.2 开发指标对比选值要合理，措施前后要选取正常工况时生产数据才具有可对比性。

4.3 对比选取邻井的层位要和分析井的一致。

项目八　用测井曲线识别常见的储层岩性

1 项目简介

根据测井曲线的原理，通过对比测井曲线形态特征和测井值的相对大小定性识别储层岩性，是绘制综合地质录井剖面图必不可少的资料，对测井资料综合解释有重要意义。

2 操作前准备

2.1 穿戴好劳动保护用品。

2.2 准备工用具：比例尺、笔、记录纸。

2.3 从测井公司收集识别储层岩性所需的标准测井图。

3 操作步骤

3.1 打开测井图。

3.2 查看测井图图头，了解测井曲线种类及纵、横比例尺。

3.3 根据测井原理判断分析储层的岩性、电性特征。以碎屑岩为例。

3.3.1 泥岩：微电极曲线平直，没有幅度差，自然电位曲线平直（没有或负异常很小），视电阻率曲线低值。自然伽马曲线呈高值，随着泥质含量的增加而增高。

3.3.2 含油砂岩：微电极曲线中等值，有正差异，自然电位有较大的负异常，视电阻率曲线为高值。

3.3.3 钙质层：微电极曲线出现很大高值，无幅度差或有很小的负差异，整体曲线为刺刀状。自然电位无明显显示或有小的负异常，电阻曲线呈高值或形状如尖刺刀状。

3.3.4 油页岩：微电极显示锯齿状尖峰，自然电位无明显负异常显示，电阻曲线中值。

3.3.5 粉砂质泥岩：微电极曲线数值比砂岩低，当粉砂质泥岩为薄互层时，曲线呈锯齿状，有不太大的幅度差，自然电位负异常较小，电阻率曲线比砂岩层也明显减小。

3.4 标注。

在分析的基础上，把岩性柱子标在图上，按照标准图例符号标注（图6－27、图6－28）。

4 操作要点

4.1 在分析测井曲线时，要注意考虑测井曲线影响因素。

4.2 一般来说，油、气储层大多为沉积岩，岩性有碎屑岩剖面和碳酸盐岩剖面。测井图就是沿井眼剖面记录的该井钻穿地层情况的图件。识别储层岩性就是利用测井曲线识别该套沉积岩层的基本岩性。

4.3 常见沉积岩的测井特征见表6－3。根据这些特征，一般可以划分岩性比较单一的井剖面的岩性，但各种测井方法区分岩性的能力是不同的，一般说自然电位、自然伽马、光电吸收截面指数 Pe 等区分岩性的能力比较强。

表 6 - 3　沉积岩常见岩石的测井特征

测井方法曲线特征 / 岩性	声波时差/(μs/m)	密度/(g/m³)	中子孔隙度/%	中子伽马	自然伽马	自然电位	光电吸收截面指数 Pe/(b/电子)	体积光电吸收截面 U/(b/cm³)	微电极	电阻率	井径
泥岩	>300	2.2~2.65	高值	低值	高值	基值	3.42	9.04	低、平直	低值	大于钻头直径
煤	350~450	1.3~1.5	ϕ_{SNP}>40 ϕ_{CNL}>40	低值	低值	异常不明显或很大的正异常（无烟煤）	无烟煤 0.161 烟煤 0.18	0.28 0.26	高值或低值	高值无烟煤最低	接近钻头直径
砂岩	250~380	2.1~2.5	中等	中等	低值	明显异常	1.81	4.78	中等，明显正差异	低到中等	略小于钻头直径
生物灰岩	200~300	比砂岩略高	较低	较高	比砂岩低	明显异常	5.08	13.77	较高，明显正差异	较高	略小于钻头直径
石灰岩	165~250	2.4~2.7	低值	高值	比砂岩低	大段异常			锯齿状	高值	小于或等于钻头直径
白云岩	155~250	2.5~2.85	低值	高值	比砂岩低	大段异常	3.14	8.99	高值锯齿状	高值	小于或等于钻头直径
硬石膏	约164	约3.0	≈0	高值	最低	基值	5.05	14.95	高值	高值	接近钻头直径
石膏	约171	约2.3	约50	低值	最低	基值	3.42	8.11	高值	高值	接近钻头直径
岩盐	约220	约2.1	≈0	高值	最低钾盐最高	基值	4.17	8.64	极低	高值	大于钻头直径

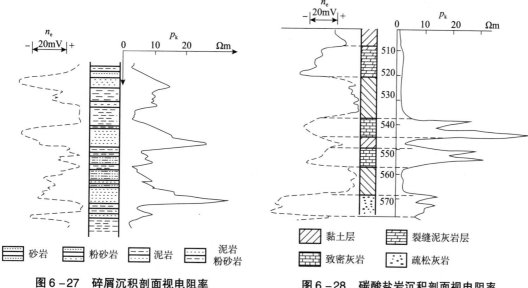

图6-27　碎屑沉积剖面视电阻率
与自然电位曲线示例

图6-28　碳酸盐岩沉积剖面视电阻率
与自然电位曲线示例

4.4　标准图例(图6-29)。

图6-29　标准图例示意图

项目九　用测井曲线分析判断油层、气层、水层、水淹层

1　项目简介

测井曲线资料用于评价和划分地层,判断油、气、水层等。掌握油气层的地质特点和四性关系(岩性、物性、含油性、电性)及油、气、水层在各种测井曲线上的不同特征,判断储层物性并对含油性进行评价是测井工作的主要任务。

2　操作前准备

2.1　穿戴好劳动保护用品。

2.2　准备工用具:记录笔、记录本。

2.3　从测井公司和地质研究所等相关部门收集分析测井曲线图、井位构造图、井所属区域的相关地质资料、录井资料等。

3　操作步骤

3.1　熟悉所判断的井号、构造部位、注采关系状况等。

3.2　依据自然伽马曲线、自然电位曲线、微电极等找出渗透性岩层。

3.2.1　自然电位曲线：相对泥岩基线，当地层水矿化度大于泥浆滤液矿化度(或地层水电阻率小于泥浆滤液电阻率)时，渗透性地层在自然电位曲线上显示负异常；当地层水矿化度小于泥浆滤液矿化度时，渗透性地层在自然电位曲线上显示正异常；当地层水矿化度与泥浆滤液矿化度相接近时，自然电位曲线基本是一条直线，此时不能用来划分渗透层。对同一水系的地层，自然电位异常幅度的大小主要取决于渗透层的泥质含量，泥质含量越大，异常幅度越小。对厚度较大的渗透层，可用曲线的半幅点确定地层界面。

3.2.2　微电极曲线：在渗透层处，微电极曲线幅度较高，微电位和微梯度曲线呈现明显的正幅度差；而在泥岩等非渗透层处，两曲线基本重合或呈现正负不定的微小幅度差。利用微电位和微梯度曲线的分离点确定渗透层界面。

3.3　利用曲线判断确定油、气、水、水淹层。

3.3.1　判断油层：电阻率曲线呈中—高值(视含油饱满程度而变化)。对于水基泥浆，油层通常具有减阻侵入的特征，深探测电阻率大于浅探测的电阻率，自然电位曲线呈明显的负异常，自然伽马曲线中等。微电极曲线具有幅度差，声波时差数值中等。因井眼有泥饼，井径曲线常常存在缩小现象(图6-30)。

3.3.2　判断气层：电阻率、自然电位及微电极曲线特征与油层相似。所不同的是气层的声波时差曲线出现较高值，比相同油层高出$20\sim50\mu s/m$，因为储层中天然气声波传播的速度比油的声速小得多，所以气层的声波时差大于油层的声波时差值。另外，气层声波时差曲线有时会有周波跳跃现象，周波跳跃是指曲线急剧偏转或出现特别大的时差值。补偿中子曲线会出现"挖掘效应"，密度曲线与油水层相比明显减小(图6-31)。

3.3.3　判断水层：水层最大的特征是电阻率曲线明显减小，经常出现负差异，即深探测电阻率小于浅探测电阻率。在低矿化度油田，自然电位曲线负异常则呈现出明显增大的现象，比好油层还要大许多，水层具有增阻侵入的特征，但当钻井液电阻率较高而地层水电阻率较低时，探测深度大的电阻率低于探测深度浅的电阻率曲线值，感应曲线显示高电导值(淡水层是低电导值)，声波时差数值中等，呈平台状，井径常小于钻头直径(图6-30)。

3.3.4　判断水淹层：与相同的油层相比较，电阻率曲线明显下降。若底部水淹，对底部梯度电极系测井曲线来讲，出现底部极大值向上抬升或底部电阻率曲线降低的现象时，声波时差曲线在水淹部位明显出现高值。深浅侧向曲线的差值与相同油层比较明显下降，淡水水淹层的自然电位曲线负异常明显减小。其自然电位基线发生偏移，与油层相比，曲线出现不匹配现象(图6-30)。

3.4　标注结论。

判断分析后，把判断结果标注在图上。若是气层，则用 δ 表示；若是油层，则涂黑表示；若是水层，则用 ~ 表示；若是水淹层，则用 ▼ 表示(图6-30、图6-31)。

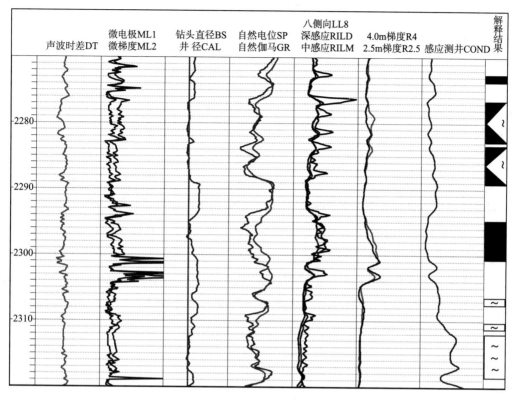

图 6-30 ××油田××井测井曲线

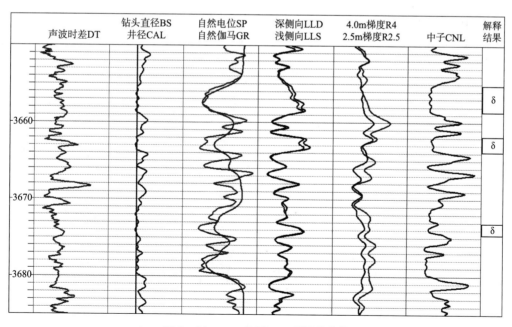

图 6-31 ××油田××井测井曲线

4 操作要点

4.1 在实测曲线分析时，要考虑测井曲线影响因素。

4.2 油、气、水、水淹层判断不是简单的识别过程，它是对该地区岩性、物性、含油性、电性关系的一种累积，判断前首先要了解该地区测井系列及测井条件，要在大量第一性资料的基础上加上理论知识综合判断。上述方法仅是一般规律，而且是在岩性比较一致的条件下进行比较分析。

4.3 直接应用声感组合测井计算的视含油饱和度区分油、水层。一般来说，视含油饱和度大于65%为油层，小于50%为水层，50%～60%为油水同层。对于粉砂岩、泥质粉砂岩等较细的砂岩，大于55%为油层，小于50%为干层或水层。

4.4 熟悉本地区构造特征及油、气、水层的分布规律，油气水层是受构造控制的，一般按相对密度大小分布于某一个构造之中，即气层在上部，油层在中部，水层在下部。水淹层与水层是有着严格区别的，平时讲的水层是指地层里含有地下水，即储层里面的存储物质是水；水淹层是指注水开发后，见到注水井注入水的油层，通常水淹层见到的水与储水层的水矿化度有很大区别。

模块二 动态分析

项目一 采油井单井动态分析

1 项目简介

采油井单井动态分析,是指应用地质资料(含测井资料)、生产资料、动态监测资料等分析采油井工作制度是否合理,井下管柱工作状况是否正常,生产能力和生产指标变化情况,增产、增注措施的效果,油层动用状况。通过单井动态分析发现问题,提出管理和改善采油井开采效果的调整工作。

2 操作前准备

2.1 穿戴好劳动保护用品。

2.2 准备工用具:稿纸(若干)、钢笔、铅笔、橡皮、计算器等。

2.3 从采油区收集分析井的静态资料:井号、井别、投产时间、开采层位、完井方式、射开厚度、地层系数、所属层系、井位关系等。

2.4 从采油区收集分析井的生产参数及动态资料:采油井开采类型、井下及地面设备型号、泵径/油嘴、冲程、冲次,日产液量、日产油量、综合含水、日注水量、动液面,清蜡、热洗及加药周期,井下管柱结构等。

2.5 从采油区收集分析井的曲线及图表:采油井综合曲线、产液剖面曲线,构造井位图、油砂体平面图、油层横向剖面图、油水井连通图、地面流程图,油砂体数据表、采油井生产数据表、油水井措施前后对比表等。

3 操作步骤

3.1 进行资料对比分析,介绍基本情况。

3.1.1 采油井完井方式、投产时间、开采层位、射开厚度/层数、地层系数、所属层系、周围油、水井排列方式和井距。

3.1.2 采油井开采类型及井下设备型号、泵径/油嘴、冲程、冲次,投产初期及目前生产情况。

3.2 动态变化原因及措施效果分析:主要分析压力、日产液、日产油、综合含水、动液面、气油比等变化情况;分析历史上或阶段内调整挖潜的做法和措施效果,分析各项生产指标的变化原因。

3.2.1 井下设备工作状况分析。下井生产设备工作正常与否,直接影响油井产量、含水和压力的变化，因此油井动态分析首先要排除抽油泵(电泵、螺杆泵等)工作状况的影响。结合井下设备测试资料(如示功图、电流卡片)，采油井实际产量、含水、液面和流压等资料进行综合分析，不能单纯地依靠某一种资料。

3.2.2 采油井压力变化分析。

地层静压变化，判断注采比是否合理、天然能量发育及利用状况，分析地层供液能力。在注水开发油田，油层静压下降说明注采比下降，采得多、注得少，油层内部出现亏空，能量消耗大于能量补充，此时应加强注水；反之说明注大于采，应适当减少注水量。

井底流动压力变化用于分析深井泵工作状况及评价油井生产压差的合理性等。如注水见效后，地层压力上升，在油井工作制度不变的情况下，流压上升；油井见水后，随着含水上升，油水两相在油层中流动的阻力小于纯油时流动的阻力，井底流动压力上升，同时由于含水率上升，井筒中液柱密度增大，流压也要上升。

3.2.3 采油井日产液量变化分析。

采油井产液量取决于油井在某一含水时的采液指数和作用于油井的生产压差。日产液量判定变化的标准(参考)为：日产液量大于50t，波动幅度为±8%；日产液量为30~50t，波动幅度为±12%；日产液量为10~30t，波动幅度为±20%；日产液量小于10t，波动幅度为±30%。日产液量变化在幅度范围内为平稳，变化高于幅度范围日产液量上升，变化低于幅度范围日产液量下降，进行原因分析。

(1)日产液量上升，主要原因包括：

①采油井工作制度调整；

②对应油井注水见效；

③作业及技术措施效果；

④井下封隔器失效及套管破漏；

⑤加药、热洗效果；

⑥地面计量器具及流程管线影响等。

(2)日产液量下降，主要原因包括：

①采油井工作制度调整；

②井下深井泵工作状况变差(如漏失、断脱、结蜡、堵塞等)；

③油层受到污染(洗井、作业、突然停井等过程产生微粒运移、水锁等)；

④油层出砂导致砂埋；

⑤地层亏空导致能量下降；

⑥技术措施效果；

⑦地面计量器具及流程管线影响等。

通过原因分析，得出影响日产液量变化的基本结论，提出相应的调整措施。

3.2.4 采油井综合含水变化分析。

注水开发油田，或油层有底水时，采油井生产一段时间后就会出水，对阶段综合含水的变化趋势进行分析。综合含水判定变化的标准(参考)为：综合含水高于80%，波动幅度为±3%；综合含水为60%~80%，波动幅度为±5%；综合含水为20%~60%，波动幅度为±10%；综合含水小于20%，波动幅度为±20%。综合含水变化在幅度范围内为平稳，变化高于幅度范围综合含水上升，变化低于幅度范围综合含水下降，要进行原因分析。

(1)综合含水上升，主要原因包括：

①注水效果(注意：要结合产液、吸水剖面分析有无单层突进，结合邻井含水状况绘制水淹图分析有无平面指进，结合地层压力状况分析有无超注，结合水井吸水能力变化及验封测试报告分析注水井有无封隔器失效等)；

②边水、底水侵入加快(重点分析工作制度及生产压差合理性，如生产压差过大可能导致含水上升加快)；

③作业及技术措施的结果；

④井下封隔器失效、套管破漏及管外窜槽等；

⑤作业、洗井等入井液导致水锁现象等；

⑥其他影响因素。

(2)综合含水下降，主要原因包括：

①注水效果(注意：要结合注水井分注及测试调配分析单层突进是否减缓，结合邻井的调整分析平面指进是否减缓，结合地层压力变化分析有无欠注等)；

②作业及技术措施的结果；

③套管破漏、管外窜槽等导致生产厚度增加；

④深井泵工作状况及工作制度变化(如漏失、参数调整等)；

⑤油层出砂砂埋；

⑥其他影响因素。

明确综合含水变化的原因后，提出相应调整措施。

3.2.5 采油井日产油量变化分析。

采油井日产油量变化，主要根据日产液量及综合含水变化，系统分析日产油量变化态势及影响变化的主要原因。

3.2.6 采油井动液面分析。

动液面的变化既可反映出地层能量变化，又可反映出泵工作状况的变化。所以，分析动液面应与示功图分析结合起来。

(1)动液面上升一般有三个原因：一是油层压力上升，供液能力增加；二是泵参数偏小；三是泵况变差。

(2)动液面下降主要原因：一是地层供液能力不足；二是套压太高，迫使油套环形空间中的动液面下降，应适当地放掉部分套管气，阻止气体窜入泵内。

(3)确定合理的动液面深度。合理的动液面深度应以满足油井有较充足的生产能力所需沉没度的要求为条件，根据经验对油稠、含水高、产量大的油井，沉没度一般应保持在200~300m左右；电泵井沉没度一般亦应保持在200~300m，但要根据油井的具体情况而定。泵挂太浅，沉没度过小，会降低泵的充满系数，不仅易造成泵抽不够，而且容易产生脱气现象；泵挂太深，即动液面太高，说明排量太小，油井未能充分发挥作用，需换大排量泵或调大油嘴。

3.2.7　气油比变化分析。

气油比反映每采出1t原油所消耗的气量。油井投产后，当地层压力和流压都高于饱和压力时，产油量和生产气油比都比较稳定；随着压力的下降，气油比逐渐上升，当地层压力低于饱和压力时，气油比就会很快上升。

对于注水开发的油田，由于地层压力的稳定，气油比也比较稳定；当含水率达到60%~70%时，气油比上升；当含水率达到80%~90%时，气油比升到最高值，随后又下降。

油层和井筒工作状况也影响气油比的升降变化，如井筒结蜡或井下砂堵等，改变了油流通道，使油的阻力增加，产油量下降，气油比上升。

3.2.8　分层动用状况分析。

在注水开发多油层非均质砂岩油田过程中，搞清油井产量及压力、含水的变化，必须进行分层动态分析，了解分层动用状况及其变化。而分层动用状况分析，主要是层间差异的分析。层间差异产生的原因及表现形式：

(1)油层性质不同。多油层合采情况下，由于各小层之间渗透率相差较大，造成层间差异，致使吸水、产液状况存在明显差异。

(2)原油性质不同，层间原油黏度的差别，也会造成出油不均匀。

(3)油层注水强度不同，造成层间地层压力的差异，在同一流压条件下采油，由于生产压差不同势必造成分层出油状况相差很大。

(4)油层含水不同，对水的相渗透率也不同，高含水层往往是高压层，干扰其他油层正常出油，层间干扰严重时将产生层间倒灌现象，使纵向上出油状况极不均衡。

3.3　在资料分析基础上，根据各项指标的变化情况，确定采油井存在的问题。

3.3.1　地层能量是否得到有效补充和充分利用(注采是否平稳，地层压力水平保持状况等)。

3.3.2　储层是否存在问题(出砂、污染等)。

3.3.3　井筒状况是否存在问题(套管变形、破漏、窜槽、封隔器失效等)。

3.3.4　产液、吸水剖面是否对应，层间动用是否均衡等。

3.3.5　油井工作制度是否合理(生产压差是否合理，有无提液或控制含水的必要，有无气体影响，有无供液不足等)。

3.3.6　井下深井泵工作状况是否存在问题(漏失、结蜡、堵塞等)。

3.3.7　地面集输系统等是否存在制约生产的因素。

3.4　针对存在问题，进行生产潜力分析。

3.4.1　储层改造及层间接替(如压裂、堵水)的潜力。

3.4.2　优化采油井工作制度的潜力。

3.4.3　提高机采效率及泵效的潜力。

3.4.4　采油管理的潜力(加药、热洗等)。

3.4.5　地面集输系统改进与完善的潜力。

3.5　通过潜力分析，提出并论证改善采油井开采效果的管理和挖潜措施，预测措施效果。要求所采取措施针对性强，切实可行，有较高的经济效益。

4　操作要点

4.1　基础资料准备齐全。

4.2　分析油井压力变化时，要结合周围水井注水状况、油井本身工作制度的变化和周围油井生产情况等资料综合分析。如果油井工作不正常，开采不正常，压力会发生明显变化。

4.3　油井分析从地面、工艺、生产管理入手，和井组油水井联系起来，逐渐深入每个油层或油砂体和相互关系。综合分析各项生产参数的变化及其原因，找出它们之间的内在联系和规律，包括从每口井以油砂体为单元搞清各类油层的开发状况及其动态变化规律。

4.4　针对油井的动态变化和存在的问题，与周围油水井情况联系起来分析，油井上出问题，在周围注水井上找原因。动态分析情况与静态资料对比，对动、静态不符之处，进行进一步解释和补充。

4.5　找出动态变化的主要矛盾，分析矛盾造成的主要因素，提出解决矛盾的办法。对进行措施的采油井，应分析措施质量和效果，并根据动态变化规律分析预测未来一个时期的动态变化趋势。

4.6　先本井后邻井，先油井后水井，先地面、次井筒、后地下，根据变化，抓住矛盾、提出措施、评价效果，这就是动态分析的一般程序和方法。

项目二　注水井单井动态分析

1　项目简介

注水井单井动态分析，是指应用地质资料(含测井资料)、生产资料、动态监测资料等分析注水井的配注量是否合理，井下管柱工作状况是否正常，注水状况和生产指标变化情况，增注措施的效果，油层水驱动用状况。通过注水井动态分析发现问题，提出管理和改善注水效果的调整工作。

2　操作前准备

2.1　穿戴好劳动保护用品。

2.2　准备工用具：稿纸(若干)、钢笔、铅笔、橡皮、计算器等。

2.3　从采油区收集分析井的静态资料：井号、井别、投产时间、开采层位、完井方式、射开厚度、地层系数、所属层系、井位关系等。

2.4　从采油区收集分析井的生产参数及动态资料：注水井的井下管柱结构、分层情况、注水压力、层段配注、日注水量等。

2.5　从采油区收集分析井的曲线及图表：注水井综合曲线、吸水剖面曲线、注水指示曲线；构造井位图、油砂体平面图、油层横向剖面图、油水井连通图、地面流程图；油砂体数据表、注水井生产数据表、水井措施前后对比表等。

3　操作步骤

3.1　进行资料对比分析，介绍基本情况。

3.1.1　注水井完井方式、投注(转注)时间、注水层位、射开厚度/层数、地层系数、所属层系、周围油、水井排列方式和井距。

3.1.2　注水井的注水方式(正、反、合注)、分层情况、井下管柱状况，注水压力变化、层段配注、初期及目前的注水情况等。

3.2　注水井油、套管压力变化分析。

正注井的油管压力(油压)，表示注入水自泵站经过地面管线和配水间到注水井井口的压力，也称井口压力。

正注井的套管压力(套压)，表示油管与套管环形空间的压力，下封隔器的井，套管压力只表示第一级封隔器以上油管与套管之间的压力。

注水井的封隔器、配水器、水嘴等井下工具的工作状态，以及在注水过程中的变化情况都能够引起注水井压力的变化。注水井压力变化的因素有：泵压变化，地面管线穿孔或被堵，油管穿孔漏失，封隔器失效，配水嘴被堵或脱落，管外水泥窜槽，底部阀球与球座不密封等。常见的变化情况包括以下几点。

3.2.1　当油管穿孔漏失、第一级封隔器失效或套管外水泥窜槽时，油、套压力和注水量都会有明显变化。如，第一级封隔器以上油层吸水量大，则会出现明显的套压上升、油压下降、注水量上升。

3.2.2　当第二级、第三级封隔器失效时，油压下降、注水量上升。

3.2.3　水嘴堵塞或脱落，油压和注水量会有明显变化。油压上升、注水量下降，说明水嘴堵塞。油压下降，注水量上升，说明水嘴脱落。

3.2.4　有时只用油、套压的变化情况，不能确切分析出井筒故障，需要用测试资料绘制出指示曲线，结合起来进行分析。

井下管柱出现故障会导致注入水的乱窜，应经常观察，及时进行分析，及时采取措施。

3.3　注水井日注水量变化分析。

注水井的日配注量是按照油藏注采平衡，保持油层能量等方面的综合需要确定的。要完成所规定的日配注量，过量超注或大量欠注都无法维持注采平衡。

3.3.1　注水量上升的原因分析。

(1)地面设备的影响：如计量设备不准，这种情况水量的上升是假象；另外孔径增大，使注水量增加；泵压升高使注水量增大。

(2)井下工具的影响：有封隔器失效；底部阀球与阀座不密封；配水嘴被刺大或脱掉；管外窜槽；油管脱节或丝扣漏失；等。

(3)地层的原因：注水井采取了酸化、压裂等增注措施后，使地层吸水能力增加；由于地层不断注水，改变了油层的含水饱和度而引起相渗透率的变化，使油层吸水能力增加。

3.3.2　注水量下降的原因分析。

(1)地面设备的影响：除计量仪器不准外，由于地面管线堵塞使注水量下降。

(2)井下工具的影响：如水嘴被堵，滤网被堵等使注水量下降。

(3)水质不合格：水中杂质堵塞了地层孔道，造成吸水能力下降。

(4)地层压力回升：可使注水压差变小，引起注水量下降。

(5)注水井井况变差：井况问题可引起注水量下降。

3.4　分析存在问题，在资料分析基础上，根据各项指标的变化情况，确定注水井存在的主要问题，查找形成矛盾的主要原因。

3.4.1　地层能量是否得到有效补充和充分利用(注采是否平稳，地层压力水平保持状况等)。

3.4.2　储层是否存在问题(出砂、污染等)。

3.4.3　井筒状况是否存在问题(套管变形、破漏、窜槽、封隔器失效等)。

3.4.4　注水井注水存在的问题(吸水能力、分注等)。

3.4.5　产液、吸水剖面是否对应，层间动用是否均衡等。

3.4.6　地面集输系统等是否存在影响注水的因素。

3.5　针对存在问题，进行注水井潜力分析。

3.5.1　动态调配及分层注水的潜力。

3.5.2 储层改造及层间接替的潜力。

3.5.3 注水方案的调整、细分注水的潜力。

3.5.4 调剖、酸化、高压增注的潜力。

3.5.5 地面集输系统改进与完善的潜力。

3.6 通过潜力分析，提出并论证改善注水井的管理和挖潜措施，预测措施效果。要求所采取措施针对性强，切实可行，有较高的经济效益。

4 操作要点

4.1 基础资料准备齐全。

4.2 单井分析从地面工艺生产管理入手，和本井组油水井联系起来，综合分析各项参数的变化及其原因，找出它们之间的内在联系和规律，包括从每口井以油砂体为单元搞清油层的吸水状况及其动态变化。

4.3 找出动态变化的主要矛盾，分析矛盾造成的主要因素，提出解决矛盾的方法。对进行措施的注水井，应分析措施质量和效果，并根据动态变化规律分析预测未来一个时期的动态变化趋势。

4.4 注水井动态分析的目的就是把注水井管理好，尽量做到分层注采平衡、压力平衡，保证油井长期高产稳产。

项目三　注水井组动态分析

1 项目简介

注水井组动态分析是对开发单元中注与采的关系及生产状况进行分析，主要研究分层注采平衡、压力平衡、水线推进状况，提出合理的调整挖潜措施，保证井组按地层要求合理注水采油。

2 操作前准备

2.1 穿戴好劳动保护用品。

2.2 准备工用具：稿纸（若干）、钢笔、铅笔、橡皮、计算器等。

2.3 从采油区或地质研究所收集分析所需相关资料，包括井组井位图、栅状连通图、平面图、井组生产数据表、油水井注采曲线、注水井吸水剖面、油井产液剖面等资料。

3 操作步骤

3.1 整理注采井组基础资料，了解注采井组的基本情况。

3.1.1 注采井组在区块（断块）所处的位置和所属的开发单元。

3.1.2 注采井组内油、水井数，油、水井排列方式和井距。

3.1.3　油井的生产层位和注水井的注水层位，以及它们的连通情况。

3.1.4　注采井组至目前为止所采取的各种措施及效果。

3.1.5　注采井组目前的生产状况，包括注水井的泵压、油压、套压、日注水量、日配注量、累计注水量，以及吸水剖面等。采油井的日产液、日产油、含水、动液面，累计产油量，井组注采比等。

3.2　对比注采井组目前生产指标。

将井组分析阶段初和阶段末的各项指标进行对比，一般包括日产液量、日产油量、含水率、动液面、原油物性、气油比、油田水性质等。

3.2.1　可能出现5种常见的结果：

(1)各项指标均比较稳定。

(2)含水和日产液量同步上升，日产油量相对稳定。

(3)含水稳定，日产液量下降或上升，引起日产油量下降或上升。

(4)日产液量稳定，含水上升或下降，引起日产油量下降或上升。

(5)含水上升，日产液量下降，使日产油量下降。

3.2.2　划分对比阶段。

井组的生产情况总是波动起伏的，为了使分析更加明确、清晰，可以把分析过程细分为几个阶段。

(1)根据日产油量变化趋势划分为产量上升阶段、产量稳定阶段和产量下降阶段。

(2)根据注水井上措施的时间划分为方案调整前、方案调整后两个阶段。

(3)根据油井采取的措施划分为措施前、措施后两个阶段。

3.3　分析注采井组目前生产指标。

3.3.1　分析影响井组生产变化的主要因素。

首先，通过油井生产数据表或井组单井开采曲线，将井组内产液、产油、含水等指标变化大的井作为井组中的典型井，然后分析影响典型井产油量的主要因素。分析时可用公式(6-1)、式(6-2)：

$$M = (q_m - q_c)(1 - f_{wc}) \tag{6-1}$$

式中　M——由于液量变化而影响的产油量，t；

$\quad q_m$——阶段末产液量，t；

$\quad q_c$——阶段初产液量，t；

$\quad f_{wc}$——阶段初含水率，%。

$$N = q_m(f_{wc} - f_{wm}) \tag{6-2}$$

式中　N——由于含水率变化而影响的产量，t；

$\quad f_{wm}$——阶段末含水率，%。

将 M 与 N 对比，即可知道主要是由于液量的变化还是含水的变化影响了油井产量的变化。

3.3.2 分析原因。

(1)注水井的原因。水井注水量的变化，一方面可能是不同井点注入水推进速度不均衡而造成平面矛盾，另一方面可能是同一口水井不同层段注入水不均衡而造成层间矛盾。因此，要分析与典型井相连通的注水井注水情况，周围水井注水是否正常，各层段是否能完成配注，是超注还是欠注，哪口井进行测试、调整和作业，影响了多少注水量等。

(2)相邻的油井(同层系)的原因。与典型井相邻油井的生产变化，往往也会影响典型井的生产，如相邻井放大生产压差，会造成井区能量下降，使典型井产量下降；相邻井改层生产，会使平面上注采失调，使典型井含水上升；相邻井开、关井也会使典型井生产情况变化。

3.4 总结井组存在的问题。通过典型井分析，找出井组中存在的问题，主要包括：

3.4.1 平面矛盾突出，注采井网不够完善，油井存在着单方向受效的问题。

3.4.2 层间矛盾突出，注水井注水不合理，潜力层需要水量但注不进去，高含水层又注得太多，造成单层水淹严重。

3.4.3 注采比低，能量补充不够，造成地下亏空大，影响了油井产液量的提高。

3.4.4 工作制度不合理，地下能量充足的油井生产压差过小，影响潜力的发挥；地下亏空较大的油井却用大泵生产，使地层能量严重不足。

当然还有其他问题，可以根据井组的具体情况进行总结。

3.5 提出调整措施。

通过对注采井组的分析，总结出注采井组在开发中存在的问题，最后提出下一步调整措施，这些措施主要分为两大类：

3.5.1 油水井的调整。

为了解决注水开发中不断出现的三大矛盾，提高采收率，可以进行油水井调整。这种方法主要是调整注水井的层段注水量。

(1)提高中、低渗透层的注水强度，适当降低高渗透层的注水量或间歇停注，调整层间矛盾。在油田注水开发过程中，有效厚度大、渗透率高的主力油层往往采出程度高，见水快。为了保持油水井产油量的稳定，一部分含水率较高的主力油层被封堵，以低渗透率的非主力油层生产。在这种情况下，对于相连通的注水井，就应当提高中、低渗透层的注水强度，适当降低高渗透层的注水量或定期停注，调整层间矛盾。

(2)加强非主要来水方向的注水，控制主要来水方向的注水，调整平面矛盾。由于油层平面上渗透率差异较大，存在着单向受效的问题，造成油层平面上的舌进。在这种情况下，应当加强非主要来水方向的注水，控制主要来水方向的注水，使注水在平面上处于相对平衡状态，水线均匀推进。

（3）进行选择性堵水，解决层内矛盾；或者采取注聚合物驱油技术，提高水驱油效率。

3.5.2 油井增产措施

（1）改层生产。对于长期多层合采的油井，如果含水率已经很高，分析出主要高含水层后将其封堵，充分发挥中、低渗透层的作用。

（2）放大生产压差。在能量充足、产液量高、含水率低的井区，可以采取放大生产压差的办法，通过提液来增加产量。

（3）改造油层。在油田开发过程中，经常遇到一些低渗透油层，即使在较大生产压差下，也很难获得高产。对于这些油层常采取压裂、酸化等油层改造措施。

4 操作要点

4.1 基础资料准备齐全。

4.2 开发指标对比选值要合理，措施前后要选取正常工况时的生产数据，以保证可对比性。

4.3 井组是以注水井为中心，查找影响因素时，除了在注水井上找的同时也要考虑周围邻井的生产状况是否发生变化，例如，邻井是否上措施。

项目四　注聚合物井组动态分析

1 项目简介

注聚合物是指向地层中注入聚合物进行驱油的一种增产措施。在宏观上，它主要靠增加驱替液黏度，降低驱替液和被驱替液的流度比，从而扩大波及体积；在微观上，聚合物由于其固有的黏弹性，在流动过程中产生对油膜或油滴的拉伸作用，增加了携带力，提高了微观洗油效率。掌握注聚合物驱油井组动态分析方法，提出可行性措施达到提高采收率的目的。

2 操作前准备

2.1 穿戴好劳动保护用品。

2.2 准备工用具：稿纸（若干）、钢笔、铅笔、橡皮、计算器等。

2.3 从采油区或地质研究所收集整理注聚合物井组各项资料包括井组井位图、连通图、平面图、井组生产数据、注入井的吸气剖面、油井产液剖面等。

3 操作步骤

3.1 了解井组的生产情况。

3.1.1 注采井组在区块（断块）所处的位置和所属的开发单元。

3.1.2 注采井组内采油、注气井数，油、注气井排列方式和井距。

3.1.3 油井的生产层位和注气井的注气层位，以及它们的连通情况。

3.1.4 注聚合物井组至目前为止所采取的各种措施及效果。

3.1.5 注聚合物井组目前的生产状况，包括日产液量、日产油量、综合含水率、日注气水平、注气压力、动液面深度、井组注采比和生产制度等。

3.2 对比生产指标。

将井组分析阶段初和阶段末的各项指标进行对比，一般包括日产液量、日产油量、含水率、动液面、采出液中聚合物的浓度、注入压力、注入水平等。

3.3 依据对比结果从下面几个方面分析变化。

3.3.1 注入压力升高。

注聚合物后，与水驱开发相比，压力上升幅度普遍明显提高，但随着聚合物用量的增加，注入压力趋于稳定或稳中有升。对于个别井，如果压力值超出全区普遍水平很多，就需重新分析注入井与采油井的生产状况。

3.3.2 采油井含水大幅度下降，产油量明显上升，产液能力下降。

对适合注聚合物的油层来说，聚合物注入量一般达到 $10\sim70\text{PV}\cdot\text{mg/L}$ 时，采油井陆续开始见效。一般情况下，与注入井连通状况较好、井距较近的采油井先见效。当聚合物注入量一般达到 $100\text{PV}\cdot\text{mg/L}$ 时，采油井开始全面见效，含水明显下降。

同时，随着聚合物用量的增加，采油井的产液量将出现大幅度的下降，相对应采液指数也有较大幅度的下降，降低幅度一般至少在 40% 以上。另一方面，此时可采取压裂、换大泵、抽转电等提液措施，以提高聚合物驱采收率。

3.3.3 采出液聚合物浓度逐渐增加。

注入聚合物采油井见效后，当聚合物注入量达到一定程度时，聚合物开始从油井中突破，初期聚合物含量都比较低，之后采出液中聚合物浓度迅速上升，一般以每增加 $10\text{PV}\cdot\text{mg/L}$ 提高 40mg/L 左右的速度增加；同时，随着产出液聚合物含量的增加，含水也将大幅度下降。

3.3.4 采油井一般是先见效后见聚合物，聚驱见效时间与聚合物突破时间存在一定差异，聚合物注入后，一般情况下油井先见效（即含水开始下降）聚合物后突破。在井网等基本条件相同条件下，当聚合物注入量达到 $190\text{PV}\cdot\text{mg/L}$ 左右时，聚合物开始从油井中突破。

4 操作要点

4.1 基础资料准备齐全。

4.2 由于各井的地质条件不同，注采连通状况各异，不同的井组、不同的油井会出现不同的聚合物驱油效果，在实际生产中要根据各个井组的实际情况进行具体的分析。

项目五　注采区块动态分析

1　项目简介

区块动态分析通过开发过程中各种资料的归纳整理，对整个油藏的动态变化进行分析对比工作，发现各种变化之间的相互关系，总结各种变化因素对油藏开发工作的影响，认识油藏内部的变化及运动规律，找出油藏开发中存在的平面、层间和层内矛盾，提出制定油藏开发政策和编制开发调整方案的依据，采取有效措施，改善区块开发效果，提高采收率。

2　操作前准备

2.1　穿戴好劳动保护用品。

2.2　准备工用具：稿纸（若干）、钢笔、铅笔、橡皮、计算器等。

2.3　从采油区资料室或地质研究所收集整理开发动态分析所需资料，包括构造、储层、流体性质、压力系统、驱动类型、天然能量、储量、开发历程及专题研究，开发方案、配产配注方案、前期动态分析报告及相关的图、表、曲线等。

3　操作步骤

3.1　分析开发区块各阶段所做的主要工作及效果。

3.1.1　注采系统调整效果。

3.1.2　提液措施效果。

3.1.3　油水井增产增注措施效果。

3.1.4　其他效果分析。

3.2　区块开发指标检查。

3.2.1　检查与采油有关的指标。主要有区块产液量、产油量水平，平均单井产液量、产油量，区块采油速度，自然递减率，综合递减率，各油砂体水淹情况，含水率和含水上升速度等。检查各项指标是否符合开发方案中所规定的标准。

3.2.2　检查与注水有关的指标。主要有注水量、分层注水强度、注水层段合格率、水线推进状况、水驱指数、水质指数、水质情况等，通过检查搞清分层注水状况是否符合开发要求。

3.2.3　检查与油层能量有关的指标。主要有地层压力、生产压差、油层总压差、油层压力在平面和层间的均衡状况等，通过检查搞清能量能否保证稳油控水的需要。

3.3　注采平衡及地层压力状况分析。油层压力变化受注采平衡状况的控制，当注采达到平衡时，油层压力也相对稳定；当层间或平面注采不平衡时，必然引起层间或平面压力的不均衡状态，从而造成生产井中的层间和平面干扰。所以根据油层压力的分布状况又可以分析注采平衡状况，并按下列步骤进行分析。

3.3.1 分析开发区块总的注采平衡和油层压力，即先从总体上衡量区块的动态状况。

3.3.2 从纵向上分析各小层注采平衡和油层压力，找出层间矛盾，并对主要矛盾采取调整措施。

3.3.3 平面上注采平衡和油层压力分析，找出平面矛盾，提出调整措施。

3.4 综合含水和产液量分析。

控制好综合含水指标，是保证产量是否稳定的关键。在油井工作制度不变的情况下，产液量基本变化不大。综合含水上升，产油量下降；综合含水上升幅度越大，产油量下降也就越快。

综合含水上升，是注水油藏开发的必然规律。区块分析就是在注采平衡和压力状况分析的基础上，分析综合含水上升过快的小层和井组，提出注采调整措施，把综合含水上升速度控制在开发方案规定的范围内。

开发区块产液量的分析，首先是分析单井、井组和区块产液量是否稳定，如油井在工作制度不变的情况下，产液量下降，应对重点井的工作状况、生产压差变化状况等进行分析，找出原因采取措施。

3.5 开发区块潜力分析。潜力分析就是对各油层内剩余油的数量和分布状况的分析，按下列步骤进行分析。

3.5.1 各开发区块累积采油量、采出程度、剩余可采储量状况的分析。

3.5.2 各小层内水淹状况和剩余油状况的分析。

3.6 针对问题提出相应措施。通过开发动态分析，总结上阶段开发工作的经验和教训，评价开发效果，明确主要矛盾和潜力，提出注采调整措施或方案，指导下阶段油田的开发。

4 操作要点

4.1 动态分析以齐全准确的静态、动态及监测资料为依据，从开发指标变化和开发效果分析评价入手，分析油藏地下动态变化的原因。

4.2 分析完毕后应编写动态分析报告，对分析的过程、结论进行总结并提出下步措施。

项目六　注聚合物区块动态分析

1 项目简介

注聚合物区块动态分析，主要分析注聚合物驱生产动态数据，找出注采动态规律及影响因素，分析油藏注聚合物开发效果，明确主要矛盾和潜力，提出合理调整措施或方案，以确保达到预期的开发效果，提高油藏采收率。

2 操作前准备

2.1 穿戴好劳动保护用品。

2.2 准备工用具：稿纸(若干)、钢笔、铅笔、橡皮、计算器等。

2.3 从采油区资料室或地质研究所收集整理注聚合物区块动态分析所需资料，包括注入井和采油井的动静态资料，单层平面图、油层连通图、沉积相带图、数值模拟资料和相关的图、表、曲线等。

3 操作步骤

3.1 分析区块聚驱过程中的动态变化特点。

聚合物驱油与水驱相比，油层的压力系统、注采能力、油井含水、产油量等动态参数都有明显的不同。

3.1.1 注聚合物后，注入能力下降，注入压力上升，注采压差增大。

(1)注入能力下降，注入压力上升。从矿场试验看，注聚合物后，注入压力上升幅度虽有不同，但普遍比水驱压力高。分析确定，注入压力的上升与注采井距的平方以及注入强度成正比；与地层系数成反比。注入液黏度的高低对注入压力的影响较大，注入压力多有上升。

(2)注聚合物后，注采压差增大。聚合物溶液在多孔介质中具有物理吸附、机械捕集和滞留的特点，因此注入井周围油层的渗透率下降较快，造成注入井启动压力明显升高，流压上升，静压上升，注采压差增大。表明注聚合物后地层渗透率降低，渗流阻力增大。

3.1.2 油层吸水能力降低，波及体积扩大。注聚合物后，聚合物大大增加了水的黏度，改善和降低了流度比。油层吸水状况发生不同程度的改善，原来吸水量大的层段，注聚合物后明显减小；而吸水量小的层段，注聚合物后吸水量明显增加，反映了波及体积得到极大提高。

3.1.3 油层流压下降，采液指数降低。注聚合物后，由于流动阻力增加，压力传导能力下降，生产井的流动压力将有不同程度的下降；同样，采液指数受流动压力和油井含水及聚合物溶液的影响，也将有较大幅度的下降。

3.2 分析区块动态开发形势。

3.2.1 与数值模拟结果对照，确定目前所处的开发阶段。

3.2.2 分析区块注聚合物过程中存在的问题，包括含水指标、增油量完成情况、油层压力的变化、注入压力的变化、注入浓度和黏度等。

3.2.3 找出区块开发中存在的问题。

3.2.4 针对问题提出相应的措施。通过开发动态分析，总结上阶段开发工作的经验和教训，评价开发效果，明确主要矛盾和潜力，提出注聚合物采油调整措施或方案，指导下阶段油田的开发。

4 操作要点

4.1 聚合物驱油过程中的动态控制，聚合物驱全过程一般需要 8 年左右的时间，有效期为 7 年，集中有效期为 5 年。集中有效期内可采出全部增油量的 90.0% 左右。在注入过程中井间、井组间的差别较大，必须加强以下 4 方面的动态控制。

4.1.1 控制注入浓度、黏度。注入聚合物主要是通过增加注入水的黏度提高采收率。所以，保持注入黏度是动态控制的首要问题。在实际生产中，通过各种手段监测注入黏度的变化，以保证注入黏度的稳定。

4.1.2 控制注入压力。由于油层平面上的非均质性，注入井注入压力的上升幅度有很大差异。为防止超破裂压力注水，对个别吸水能力差、压力接近破裂压力的井，首先要在保持注入浓度的前提下降低注入量，并适当控制有关采出井的产液量，以保持注采平衡。对注入量特别低的井，为维护正常生产，可以采取适当降低注入浓度的方法。

4.1.3 控制油层压力。油藏的地层压力是驱油的能量，在注聚合物开发过程中，在保持全区地层压力水平(地层压力附近)的同时，还要保持井组井间的压力相对平衡，井组间压力差别过大，将导致油井见效程度差异增大而延长驱油周期，增加管理难度。对于高压井组和区块，在注入井注入浓度不变的前提下，应降低注入量和对具备条件的油井进行放产；对于低压井组和区块，在注入压力允许的条件下，应提高注入量和对采油井进行控制生产，把地层压力调整到一个较合理的水平，达到井组间压力基本平衡。

4.1.4 调整平面矛盾。注聚合物后，平面矛盾得到一定程度的调整，调整好平面矛盾的基本做法有：

(1)适当降低主要供液方向的注入量，具备条件的油井要进行放产。

(2)在注入压力允许的条件下，适当提高油井见聚合物方向上的注入浓度，增加流动阻力，降低流动速度。

(3)对少数见效差的井，采取放大生产压差和压裂改造措施。

4.2 分析结束后编写动态分析报告，对分析的过程、结论进行总结并提出下步措施。

项目七 油田(区块)阶段地质工作综合分析

1 项目简介

油田区块年度(阶段)地质工作综合分析，是评价该区块年度(阶段)地质工作，在注采井组分析的基础上，依据开发区块的方案设计指标，检查开发方案的实施情况，及时发现问题和矛盾，提出调整方案和措施，提高区块开发效果。

2 操作前准备

2.1 穿戴好劳动保护用品。

2.2　准备工用具：稿纸(若干)、钢笔、铅笔、橡皮、计算器等。

2.3　从采油区资料室或地质研究所收集开发区块的动、静态资料，沉积相带图、油层连通图等各种有关资料。

3　操作步骤

3.1　开发区块各阶段所做的主要工作及效果分析。

3.1.1　注采系统调整的整体效果。

3.1.2　油、水井油层改造措施效果。

3.1.3　其他各项措施效果。

3.2　检查区块年度(阶段)油田开发指标。

3.2.1　与产油有关的指标，包括区块日产液水平、日产油水平、采油速度、自然递减率、综合递减率、注采比等，检查各项指标是否达到方案设计标准。

3.2.2　与注水、含水有关的指标，主要包括注水量、分层注水强度、分层注水合格率、水质分析、产水量、综合含水、含水上升率等。检查注水是否达到方案要求，是否符合油藏开发需求。

3.2.3　与油层能量有关的指标，主要有地层压力、油层总压差、生产压差、地饱压差、流饱压差、注水压差等。检查油层压力在平面和层间的均衡状况，是否能适应阶段油藏开发的需要。

3.3　分析区块年度(阶段)开发中存在的问题。

3.3.1　注采平衡及油层压力状况分析。

油层压力的变化受注采平衡状况制约，两者互相影响，变化特征反映基本一致。注采平衡时，油层压力相对稳定；层间或平面注采不平衡时，必然引起层间或平面上压力值的不均衡，在生产井上造成层间干扰和平面矛盾。因此，可以根据油层压力的分布状况分析注采是否平衡。

一般按以下次序进行分析：

(1)从总体上掌握开发区块的动态状况，研究开发区块总的平衡和油层压力状况。

(2)在纵向上分析射孔各油层的注采平衡和压力情况，找出层间矛盾，提出调整措施。

(3)在平面上分析注采平衡和压力情况，找出平面矛盾，并针对主要矛盾采取有效的调整措施。

3.3.2　产液量和综合含水分析。

随着生产时间的延长，注水开发油藏综合含水逐渐上升，在采油井工作制度基本不变的情况下，产液量变化不大，随着综合含水的上升，区块产油量的下降。

区块动态分析的任务，就是在注采平衡和压力状况分析的基础上，找出含水上升过快的油层和井组，提出各种调整措施，努力把含水上升速度控制在开发方案规定的范围内。

开发区块产液量的分析，首先要分析单井、井组，然后分析区块的总产液量是否稳定。在采油井工作制度保持不变时，如果产液量下降，应分析重点下降井的工作状况、生产压差的变化状况等，找出原因提出措施。另外，产液量的分析也包括提高产液量措施的状况分析，检查措施实施效果。

3.3.3　开发区块的潜力分析。

分析各油层内剩余油的分布状况、规模大小和成因等。一般按以下次序进行分析：

(1)开发区块各单元累积产油量、产出程度、剩余可采油量状况的分析。

(2)区块内各油层水淹状况和剩余油分布状况的分析。

3.4　提出改善油藏采收率的措施。依据分析结果，明确开发过程中存在矛盾和问题，制定注采系统调整方案，提出有效的增产增注措施，提高采收率。

4　操作要点

4.1　油藏开发阶段综合分析，从油藏开发阶段指标变化和开发效果进行分析评价，分析不同开发阶段内容。

4.1.1　油藏开发初期的分析内容。

(1)收集整理钻井后的各种地质资料，分析油藏的地质特征，主要有油层的发育状况和分布规律，油、气、水层的分布和相互关系，油层渗透率、孔隙度、饱和度等数据，断层发育规模以及油层流体特性，进一步落实油田边界和石油地质储量。

(2)钻井和油水井投产后油层能量的变化，区块初期产能、含水是否达到设计方案要求，注水井的吸水能力能否满足产液量的需求，区块注采系统的适应性如何，井网是否达到较高的控制程度等。

(3)分析对比采油井见到注水效果的时间和特点，研究目前合理的注采比数值，区块大面积见水时的累积注采比数值，见到注水效果的采油井产能上升速度能否达到方案设计要求，区块的储量动用程度，分层吸水、产出状况，含水上升速度的快慢，地质构造对油藏开发的影响，边、底水驱动能量是否活跃等。

4.1.2　稳产阶段的分析内容。

(1)根据油藏开发初期取得的各种资料，应用水驱曲线计算方法并综合其他计算方法，进一步落实石油地质储量，进行储量复算，确定油藏最终采收率，计算可采地质储量。

(2)不断加深对油藏生产规律、油层压力变化状况、油水运动规律的认识，编制区块井网层系调整方案和注采系统调整方案。

(3)预测下一阶段油藏开发指标和效果，提出提高油藏最终采收率的各种综合性措施。

(4)按年度(或阶段)进行油藏动态的全面分析，明确油藏开发中的存在问题和潜力所在，编制近期及长远规划，通过多种手段(新井投产、老井措施、注水方案调整等)弥补油田产量的递减。

4.1.3 递减阶段的分析内容。

(1)分析产量递减规律,确定油藏产量递减类型。

(2)编制规划方案,预测今后产量、含水的变化及剩余可采储量。

(3)提出控制油藏产量递减有效可行的措施。

4.2 分析结束后编写动态分析报告,对分析的过程、结论进行总结并提出下步措施。

项目八 技术论文编写

1 项目简介

论文是指用抽象思维的方法,通过说理辨析,阐明客观事务本质、规律和内在联系的文章。技术论文是以专业技术为内容的论文。

2 操作前准备

2.1 穿戴好劳动保护用品。

2.2 准备工用具:稿纸(若干)、钢笔、计算器等。

2.3 从采油区资料室或地质研究所收集整理组成技术论文的基本素材、各种资料、图表,并将其分类。

3 操作步骤

3.1 分两行或三行书写技术论文的标题、署名及单位。

3.2 书写技术论文的摘要;另起一行后,书写主题词。

3.3 清晰书写正文部分。

3.4 注明参考文献。

4 操作要点

4.1 资料准确无误并要反复核对。

4.2 技术论文论点鲜明、正确,论据准确、充分,论证过程严谨、灵活。

4.3 格式清晰。

4.4 技术论文中常用的有科学归纳推理、统计归纳推理。

科学归纳推理:通过考察某类事物中的部分现象,发现客观事物间的必然联系,概括出关于这类事务的一般性结论。

统计归纳推理:采用样本或典型事物的资料对总体的某些性质进行估计或推断。

4.5 论文的三要素是论点、论据、论证。论点是所要阐述的观点,说明论点的过程叫论证,说明论点的根据、理由叫论据。

论点是作者要表达的主题,必须正确、鲜明、集中。

论据是证明论点的理由,一般可采用理论论据、事实论据(包括典型实例、数据),要求论据准确、充分、典型、新鲜。

论证是论述证明论点的过程，要求逻辑严密、方法灵活。

4.6 技术论文的文稿规范。

4.6.1 技术论文一般由标题、署名及单位、摘要、主题词、正文、参考文献等部分组成。

4.6.2 标题一般不超过20个字，由三部分组成：论述对象、研究内容的高度概括、论文的表述特征；也可增加副标题，在副标题前加一破折号；署名与工作单位之间空一行，单位一般在署名后，带上括号。

4.6.3 摘要或提要部分，即简单介绍文章内容，一般字数为正文的3%，最多不能超过500字，摘要两个字后面加冒号。内容包括撰写技术论文的目的，解决的问题以及采用的方法和过程，取得的成果、结论及意义、需要解决的问题等。

4.6.4 主题词或关键词是能概括地表现技术论文主题的最关键的规范词，一般为3~8个，主题词三个字后面加冒号，词与词之间用分号相隔，末尾不加标点符号。

4.6.5 正文部分一般包括提出论点，进行论证，得出结论，提出问题及建议。

4.6.6 参考文献是直接引用他人已发表文章中的数据、论点、材料，一般需书写主要编者、书名、版本、出版地、出版社、出版年、页码。

参考文献

[1]林传礼. 采油地质工[M]. 北京：石油工业出版社，1996：1~289.

[2]陈元千. 油气藏工程实践[M]. 北京：石油工业出版社，2005：90~91.

[3]胡明，廖太平. 构造地质学[M]. 北京：石油工业出版社，2007：136~151.

[4]刘向君，刘堂晏，刘诗琼. 测井原理及工程应用[M]. 北京：石油工业出版社，2006：126~130.

[5]万仁溥. 采油工程手册[M]. 北京：石油工业出版社，2000：20~120.

[6]史密斯，特蕾，法勒. 实用油藏工程[M]. 岳清山，柏松章，等，译. 北京：石油工业出版社，
1995：27~52.

附录 油气生产板块技能操作岗位员工学习地图

职位 层级	工作职责	能力要求		学习内容模块	课件包 序列
1. 初级工	1.1 负责油水井现场资料录取工作	1.1.1 具备采油井现场量油测气的能力		1.1.1.1 采油井产液量测量	
				1.1.1.2 采油井产气量测量	
		1.2.1 具备采油井井口资料录取的能力		1.2.1.1 采油井井口压力录取	
				1.2.1.2 采油井井口油样录取	
		1.3.1 具备注水井井口资料录取的能力		1.3.1.1 注水井井口压力录取	
				1.3.1.2 注水井井口水样录取	
		1.4.1 具备注水井注水量调整的能力		1.4.1.1 注水井注水量调整	
	1.2 负责油水井各项资料填写工作	1.2.1 具备填写油水井日报表的能力		1.2.1.1 采油井班组日报表填写	
				1.2.1.2 注水井班组日报表填写	
				1.2.1.3 采油井综合日报表填写	
				1.2.1.4 注水井综合日报表填写	
		1.2.2 具备填写油水井月度综合数据的能力		1.2.2.1 采油井月度综合数据填写	
				1.2.2.2 注水井月度综合数据填写	
		1.2.3 具备填写油水井井史资料的能力		1.2.3.1 采油井井史资料填写	
				1.2.3.2 注水井井史资料填写	
	1.3 负责油水井曲线绘制工作	1.3.1 具备绘制油水井综合曲线的能力		1.3.1.1 采油井综合曲线绘制	
				1.3.1.2 注水井综合曲线绘制	
		1.3.2 具备绘制注水指示曲线的能力		1.3.2.1 水井注水指示曲线绘制	
	1.4 负责油水井图件绘制工作	1.4.1 具备绘制油水井管柱图的能力		1.4.1.1 采油井管柱图绘制	
				1.4.1.2 注水井管柱图绘制	
		1.4.2 具备绘制井位图的能力		1.4.2.1 油水井井位图绘制	
	1.5 负责油水井单井动态分析工作	1.5.1 具备油水井单井动态分析的能力		1.5.1.1 采油井单井动态分析	
				1.5.1.2 注水井单井动态分析	
	1.6 负责油水井日报表录入工作	1.6.1 具备计算机录入油水井日报表的能力		1.6.1.1 计算机录入油水井日报表数据	

续表

职位层级	工作职责	能力要求	学习内容模块	课件包序列
2. 中级工	2.1　负责井站仪器仪表更换工作	2.1.1　具备更换采油井油压表的能力	2.1.1.1　采油井油压表更换	
		2.1.2　具备更换采油井套压表的能力	2.1.2.1　采油井套压表更换	
		2.1.3　具备更换注水井油压表的能力	2.1.3.1　注水井油压表更换	
		2.1.4　具备更换注水井套压表的能力	2.1.4.1　注水井套压表更换	
		2.1.5　具备更换干式水表芯子的能力	2.1.5.1　干式水表芯子更换	
	2.2　负责油水井动态指标计算工作	2.2.1　具备玻璃管量油计算油井日产液量的能力	2.2.1.1　玻璃管量油日产液量计算	
		2.2.2　具备计算注水井启动压力的能力	2.2.2.1　注水井启动压力计算	
		2.2.3　具备计算分层吸水百分数的能力	2.2.3.1　分层吸水百分数计算	
		2.2.4　具备计算抽油机井泵效的能力	2.2.4.1　抽油机井泵效计算	
		2.2.5　具备计算潜油电泵井泵效的能力	2.2.5.1　潜油电泵井泵效计算	
	2.3　负责基础工艺流程图绘制工作	2.3.1　具备绘制注水井单井配水工艺流程图的能力	2.3.1.1　注水井单井配水工艺流程图绘制	
		2.3.2　具备绘制注水井多井配水工艺流程图的能力	2.3.2.1　注水井多井配水工艺流程图绘制	
		2.3.3　具备绘制采油井工艺流程图的能力	2.3.3.1　采油井工艺流程图绘制	
	2.4　负责地质图件绘制工作	2.4.1　具备绘制注采井组综合曲线的能力	2.4.1.1　注采井组综合曲线绘制	
		2.4.2　具备绘制油层栅状连通图的能力	2.4.2.1　油层栅状连通图绘制	
		2.4.3　具备绘制开采现状图的能力	2.4.3.1　开采现状图绘制	
	2.5　负责单井动态分析工作	2.5.1　具备利用注水指示曲线分析注水井工作状况的能力	2.5.1.1　利用注水指示曲线分析注水井工作状况	
		2.5.2　具备分析不同开发阶段注水井措施的能力	2.5.2.1　不同开发阶段注水井措施分析	
		2.5.3　具备分析抽油机井典型实测功图的能力	2.5.3.1　分析抽油机井典型实测功图	
		2.5.4　具备分析不同开发阶段采油井措施的能力	2.5.4.1　不同开发阶段采油井措施分析	
		2.5.5　具备选择采油井合理生产参数的能力	2.5.5.1　采油井合理生产参数选择	

续表

职位层级	工作职责	能力要求	学习内容模块	课件包序列
2. 中级工	2.6 负责井组动态分析工作	2.6.1 具备井组动态分析的能力	2.6.1.1 注采井组动态分析	
	2.7 负责计算机录入工作	2.7.1 具备 Excel 表格制作的能力	2.7.1.1 Excel 表格制作	
		2.7.2 具备 Word 文档排版与打印的能力	2.7.2.1 Word 文档排版与打印	
3 高级工	3.1 负责管理指标的计算工作	3.1.1 具备计算抽油机井管理指标的能力	3.1.1.1 抽油机井管理指标计算	
		3.1.2 具备计算注水井管理指标的能力	3.1.2.1 注水井管理指标计算	
		3.1.3 具备计算电泵井管理指标的能力	3.1.3.1 电泵井管理指标计算	
		3.1.4 具备计算油田生产任务管理指标的能力	3.1.4.1 油田生产任务管理指标计算	
	3.2 负责产量曲线绘制工作	3.2.1 具备绘制产量运行曲线的能力	3.2.1.1 产量运行曲线绘制	
		3.2.2 具备绘制产量构成曲线的能力	3.2.2.1 产量构成曲线绘制	
	3.3 负责理论示功图绘制与解释工作	3.3.1 具备绘制抽油机井理论示功图的能力	3.3.1.1 抽油机井理论示功图绘制	
		3.3.2 具备解释抽油机井理论示功图的能力	3.3.2.1 抽油机井理论示功图解释	
	3.4 负责分析监测资料工作	3.4.1 具备分析电泵井电流卡片的能力	3.4.1.1 电泵井电流卡片分析	
		3.4.2 具备分析油层吸水指数变化的能力	3.4.2.1 注水指示曲线分析油层吸水指数变化	
	3.5 负责三次采油井组动态分析工作	3.5.1 具备三次采油井组动态分析的能力	3.5.1.1 三次采油井组动态分析	
	3.6 负责计算机操作工作	3.6.1 具备设计绘制数据表格的能力	3.6.1.1 用 word 和 wps 设计、绘制数据表格	
		3.6.2 具备编排输出数据表格的能力	3.6.2.1 用 word 和 wps 编排、输出数据表格	

职位层级	工作职责	能力要求	学习内容模块	课件包序列
4. 技师	4.1　负责单井、区块各项参数及油藏各类指标的计算	4.1.1　具备计算采油方面开发指标的能力	4.1.1.1　采油方面开发指标计算	
		4.1.2　具备计算产水注水方面开发指标的能力	4.1.2.1　产水、注水方面开发指标计算	
		4.1.3　具备计算油田压力方面指标的能力	4.1.3.1　油田压力方面指标计算	
		4.1.4　具备计算三次采油区块参数的能力	4.2.1.4　三次采油区块基础参数计算	
	4.2　负责区块动态分析	4.2.1　具备注水区块动态分析的能力	4.2.1.1　注水区块动态分析	
		4.2.2　具备三次采油区块动态分析的能力	4.2.2.2　三次采油区块动态分析	
	4.3　负责区块各类地质图件的制作	4.3.1　具备绘制地质等值图件的能力	4.3.1.1　构造等值图绘制	
			4.3.1.2　厚度等值图绘制	
			4.3.1.3　渗透率等值图绘制	
			4.3.1.4　压力等值图绘制	
			4.3.1.5　含油饱和度等值图绘制	
		4.3.2　具备绘制水淹状况图的能力	4.3.2.1　水淹状况图绘制	
		4.3.3　具备绘制小层平面图的能力	4.3.3.1　小层平面图绘制	
	4.4　负责计算机操作工作	4.4.1　具备制作 PPT 汇报课件的能力	4.4.1.1　PPT 的基本操作	
			4.4.1.2　PPT 简单课件制作	
			4.4.1.3　PPT 地质报告制作	
5. 高级技师	5.1　负责地质储量的计算	5.1.1　具备用容积法计算地质储量的能力	5.1.1.1　用容积法计算地质储量	
	5.2　负责测井曲线分析	5.2.1　具备测井曲线分析的能力	5.1.1.1　用测井曲线识别常见的储层岩性	
			5.1.1.2　用测井曲线分析判断油层、气层、水层、水淹层	
	5.3　负责地质图件制作	5.3.1　具备绘制沉积相带图的能力	5.3.1.1　沉积相带图绘制	
		5.3.2　具备绘制构造剖面图的能力	5.3.2.1　构造剖面图绘制	
	5.4　负责区块阶段动态分析	5.4.1　具备综合分析区块年度(阶段)地质工作的能力	5.4.1.1　油田区块年度(阶段)地质工作综合分析	

采油地质岗技能操作标准化培训教程

职位层级	工作职责	能力要求	学习内容模块	课件包序列
5. 高级技师	5.5 负责撰写技术论文	5.5.1 具备撰写技术论文有能力	5.5.1.1 技术论文编写	
	5.6 负责数据库简单使用	5.6.1 具备数据库简单使用的能力	5.6.1.1 数据库安装及简单应用	
	5.7 负责培训新员工	5.7.1 具备培训新员工的能力	5.7.1.1 现场培训常用教学基础理论与方法	
			5.7.1.2 技术教学计划、方案编写	
			5.7.1.3 日常培训授课方法与技巧	